簡易做窗簾
Quick Curtains

為你家窗戶提供40種以上的絕美示範

簡易做窗簾
Quick Curtains

為你家窗戶提供40種以上的絕美示範

作者◎克莉絲·潔芙麗絲(Chris Jefferys)
攝影◎修娜·伍德(Shona Wood)
翻譯◎王淑玫

太雅生活館

簡易做窗簾 So Easy 110

作　　者　克莉絲‧潔芙莉絲(Chris Jefferys)
攝　　影　修娜‧伍德(Shona Wood)
翻　　譯　王淑玫

總 編 輯　張芳玲
主　　編　林淑媛
文字編輯　林麗珍
美術設計　許志忠

電　　話　(02) 2880-7556　傳真：(02) 2882-1026
E - m a i l　taiya@morningstar.com.tw
郵政信箱　台北市郵政53-1291號信箱
網　　址　http://www.morningstar.com.tw

發 行 所　太雅出版有限公司
　　　　　台北市111劍潭路13號2樓
　　　　　行政院新聞局局版台業字第五○○四號
印　　製　知文企業(股)公司 台中市407工業區30路1號
　　　　　TEL：(04) 2358-1803
總 經 銷　知己圖書股份有限公司
　　　　　台北公司 台北市106羅斯福路二段95號4樓之3
　　　　　TEL：(02) 2367-2044　FAX：(02) 2363-5741
　　　　　台中公司 台中市407工業區30路1號
　　　　　TEL：(04) 2359-5819　FAX：(04) 2359-7123

郵政劃撥　15060393
戶　　名　知己圖書股份有限公司
初　　版　西元2007年1月1日
定　　價　250元
(本書如有破損或缺頁，請寄回本公司發行部更換；或撥讀者服務部專線04-2359-5819)

ISBN-13：978-986-6952-20-3
ISBN-10：986-6952-20-7
Published by TAIYA Publishing Co.,Ltd.
Printed in Taiwan

國家圖書館出版品預行編目資料

簡易做窗簾：為你家窗戶提供40種以上的絕美示範／
克莉絲‧潔芙麗絲 (Chris Jefferys)作；王淑玫譯.
——初版.——臺北市：太雅，2007[民96]
面；公分.——(So Easy 生活技能：110)
譯目：Quick curtains: over 40 fabulous designs
for your windows
ISBN 978-986-6952-20-3 (平裝)

1.窗簾—製作

426.72　　　　　　　　　95024649

目　錄

前 言

　　窗簾是迅速改變或是讓房間的色調升級的簡單方法。窗簾的製作可以不必太複雜：一條色彩明亮的桌巾、薄毯，或是將漂亮的茶巾夾在窗簾桿上，就可以迅速的達到效果。當然，有幾個需要投入更多精神和挑戰你的技巧的示範。不論你選擇那個示範，在創作你獨有風格的過程中，必然能感受到示範的回報，並且提供許多和不同的色彩及質感接觸的機會。

　　這本實用的書包括許多不同的窗戶修飾法，從最簡單的現成布簾，優雅的、美麗的繫帶窗簾，到簡單的襯裏窗簾無所不包。本書中有20個以上的示範，同時還附帶著許多變化，以提供你發展出個人創意的靈感。這些搶眼的示範，都有淺顯的解說，和詳細的製作步驟說明，而每個示範的示範前提都是強調迅速和製作簡單。

　　簡介的部分說明製作窗簾所需要的設備和材料，緊接著是解釋所有基本技巧的部分，包括如何接縫布料、下擺、製作滾繩套以及格調高雅的斜接角。

　　本書囊括許多不同的創意，以符合不同品味和預算的需求，有些完全無需縫製的作品，足以激勵最不擅長於手藝的讀者。並且在最後附上一系列的美麗示範，以激勵你發揮自己的創意和技巧，創造出絕美的窗戶裝飾。

基 礎 篇

基本縫紉工具

裁布剪刀

握把帶有弧度的裁布剪刀是最容易使用的剪刀。握把的弧度在剪裁時能保持布料的平順。

珠針

有金屬、玻璃或是塑膠等不同質材的珠頭。不同顏色的珠針比較方便好用，因為明顯易見，容易拿取。不過挑選珠針時，最重要的是銳利和細的針。

小剪刀或是拆線剪

銳利的小剪刀或是特殊的拆線剪都能方便地剪斷線頭。同時，當大剪刀難以發揮的時候，小剪刀則可以儘可能地貼近布料剪裁。

直尺

金屬或塑膠製的直尺絕對不可少，能夠方便地測量並標記短距離，同時也可以用來畫直線。

可消除的記號筆

氣消筆或是水消筆都很容易購買，也是縫紉工具中很有用的道具。氣消筆的痕跡在短暫的時間後就會自行消失。水消筆的記號則會保留到接觸到水為止。

軟尺

一個塑膠製的軟尺或是布尺可以用來測量較長的距離，以及有弧度的部位。可縮式的軟尺是個很不錯的選擇。

縫針

市面上有著各式各樣不同的縫針，一套囊括多種選擇的縫針往往是最佳選擇。選擇細、銳利而且針眼較大、容易穿線的針。市面上也有特細的針。

製作窗簾的工具

拉皺帶

有著不同寬度和效果可供挑選的硬織帶。固定在窗簾的上緣後拉緊，可以製造出不同形式的窗簾皺褶。

窗簾環

有金屬、塑膠或是木製的窗簾環，固定在窗簾的上緣後方，用窗簾桿穿過直接懸掛。

窗簾勾

通常是塑膠製，窗簾勾插入拉皺帶所製造出的皺褶後，可以直接懸掛在窗簾軌道上，或是掛在窗簾環的下方。窗簾勾通常是隱而不見的。

孔眼

電鍍或是銅製的孔眼用在打洞的布料上，以方便窗簾桿或是窗簾繩穿過，也可以當做一種裝飾。需要與打洞器合併使用，通常購買孔眼套組時會包括在內。

窗簾錘

放置在窗簾的下擺裡，增加下擺的重量，讓窗簾的垂度更好。圓形的窗簾錘可以放在下擺邊角上，或者可以用線狀的窗簾錘穿在下擺裡面。

縫線

多用途的尼龍縫線有許多現成的顏色可供選擇，並且可以用在所有類型的布料上。針對棉布和毛料，也有棉線可以選擇，或是可以選擇絲線用在絲料和毛料上。

魔鬼氈條

魔鬼氈條一面是較硬且帶勾的表面，另一面則是較軟的毛氈表面。將兩半對壓時會粘在一起。

緞帶

有不同寬度和質感的緞帶，例如緞面或是絲絨面。有單面或是雙面緞質表面等兩種不同的緞帶。

棉布帶

一種12～15公釐(0.5～0.625吋)寬的棉布帶，通常用來收邊或是製作繫帶。

縫紉機

　　大多數的縫紉機都是電動縫紉機，利用一個一端連結到縫紉機，一端連結到電源的踏板來控制。踩踏板就會啓動縫紉機，施加的壓力越大，車縫的速度就會越快。縫紉機右側的一個手轉輪，通常也用來啓動或是停止縫紉機的進行，輔助整個縫紉的過程。

　　車縫是透過上線和梭線2條線的結合。縫線先利用位於縫紉機上方的捲梭軸繞上梭子。上線則是經由一連串的引導溝槽後，穿過車針。上好線的梭子放入位於車針下方的梭槽中。在車縫的過程中，上線在布的上方形成一針，梭線則在布的下方形成一針，兩者則在布裡面連結起來。

　　市面上有各種不同大小的車縫針。號碼越小針就越細。

布料

棉

棉布是最普及的一種布料，因為應用非常地廣，而且適用於本書中許多的作品示範。棉布是由蓬鬆棉花製成的天然布料，有不同的厚薄可供選擇。

棉布容易處理，不容易磨損。不同的織法和表面處理法，就會產生許多不同種類的棉布。其中最常見的包括細格棉布、條紋棉布、印花布、府綢、斜紋棉布、被套布、白棉布、風景印花布。質地較薄的棉布包括細棉布和薄紗。

麻

麻布是由亞麻的植物纖維紡織而成的薄至中等質地的布料。大多數的麻布都容易處理，不易磨損，而且質地很耐久，但是天然質材的特性容易起皺。儘管如此，麻布美麗的光澤往往被認為足以抵消這項缺點。因為一旦窗簾懸掛起來，皺紋就不會是個問題了。

絲

又一種美麗的天然布料，絲是由蠶的蛹製造而成。絲本身就具有容易吸收染料的特質，再加上本身天然的光澤，產生了其他布料無法觸及的多樣而濃艷的色彩。絲比棉容易起皺，但是熨燙的效果良好。絲較容易磨損，因為滑手，所以對於使用絲的新手而言，最好考慮製作較簡單的作品。玉絲是一種質地輕、相對容易處理、有著獨特不均勻粗細織紋的絲料。烏甘紗則是一種質地非常輕的透明絲料。

薄紗

這種輕質地、透明的布料垂度極佳。薄紗可以是純棉製成，或是棉及聚酯纖維等人造纖維混紡，以增加耐皺度的織品。

襯裏

專為襯裏需求而紡製的緞面棉布是最受歡迎、最常使用的窗簾襯裏。它的正面略帶光澤，同時有多種顏色可供選擇。襯裏的顏色可以選擇搭配窗簾布的顏色，或者是使用傳統、基本、而且通常也較便宜、被大量選用的米色。也可以選擇特殊的襯裏，例如能夠完全遮蔽光線或是隔絕室外溫度的襯裏。

基本技法

接下來的幾頁,將教你完成本書中諸多作品設計所需的基本技法,從用珠針固定到手縫方法,到掌握縫合、下擺和製作裝飾性的邊緣處理。

剪裁

除了上緣有特定形狀的窗簾外,在剪裁任何布料時,沿著布的織紋剪裁非常地重要。大多數的布料有整齊的布邊。是用2組線交織而成,有與布料走向相同的經線,以及橫行的緯線。

正確地沿著布的織紋剪裁有好幾種方法。格子織紋布料可以沿著格線剪裁。結構鬆散的布料,例如平織的麻布,可以抽出一根紗,然後沿著那條線剪裁。其他的布料,例如織紋緊密的棉布,可以利用直尺和直角尺,用粉片或是尖銳的鉛筆,以確保線條與布邊成垂直。如果你沒有直角尺,可以用書或是其他正方形的物品來取代。將其中一個邊緣疊放在布邊上,然後將尺貼在直角邊上放置。沿著直尺畫一條直線,然後再沿這條線剪裁。

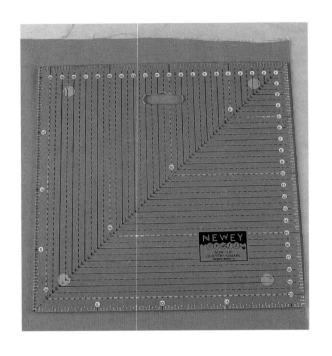

珠針固定和假縫

垂直固定

將要縫合的邊緣放在一起,然後以和邊緣垂直的角度用珠針將2片布固定在一起。珠針之間的距離約5公分(2吋)。固定較硬的布料時,珠針的距離可以加大。在轉角處,珠針則以斜角固定。

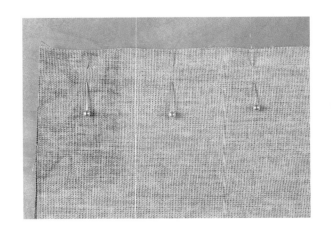

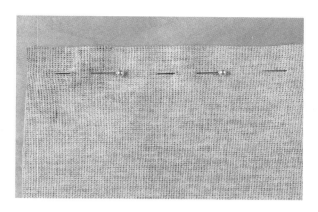

平行固定

　珠針沿著即將要車合的方向插入固定。在假縫或車縫過程中，遇到珠針時就予以移除。

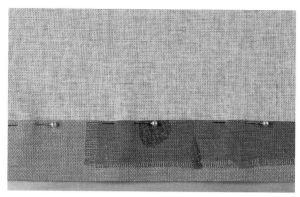

固定下擺

　下擺可以採取垂直固定或是平行固定。在假縫和車縫時，以和前面一樣的手法移除珠針。

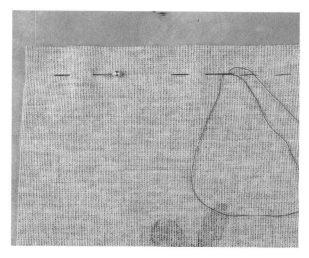

手縫

　利用車縫線或是特殊的手縫線，在開始和結束時都縫上1、2個回針縫。假縫需穿透層層布料，每針約1～1.5公分(0.375～0.625吋)長。假縫時，越過垂直固定的珠針後，再移除珠針。平行固定，則在遇到珠針時，就予以移除。

假縫對花

　將通常是1.5公分(0.625吋)的縫分，摺向布料的背面。然後將這塊布放置在相同份量的另一塊布上，調整對花，然後用珠針固定。將縫線打結，從正面將2塊布的邊假縫縫合。從平坦的布料下針、挑起，然後沿著摺起的布邊的內側移動。每針維持約1公分(0.375吋)長。完成後，移除珠針打開褶邊，然後自反面車縫縫合。

針法

製作窗簾時,使用數種不同的針法,除了毛邊縫以外,以下所有列出的針法皆為手縫針法。有幾種手縫針法能增加窗簾的精緻度,而以車縫收邊則可以增加窗簾的耐用度。

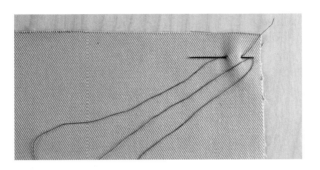

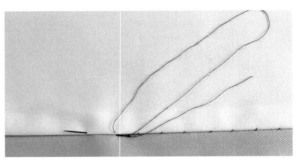

回針縫

　　用於手縫的開端和結束的部位。在假縫的階段,每針的長度可以高達6公釐(0.25吋)。在其他的部位,針腳則應該要盡量的短小。將針插入布料然後挑出。將針再度拉回至起點,然後在第一針上再縫一兩針。

隱針縫

　　用來縫合窗簾的襯裏。每個針腳約1.5公分(0.625吋)長。將針沿著主要布料的下方滑過,然後挑起襯裏的一兩根紗。將針重新拉到主要布料的背後,然後再度滑行縫下一針。

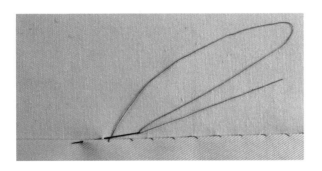

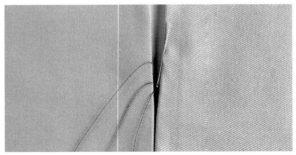

挑縫下擺

　　用於縫合下擺以及斜布條的內側時。從靠近下擺的褶邊,以回針縫開始。挑起下擺上方布料的一根紗,然後斜斜挑起下擺。重複,小心不要拉得太緊。再縫斜紋布邊時,可以不挑布料的織紗,而是穿過車縫針的背後。

梯形縫

　　緊密縫合2個褶邊時使用。以回針縫起針,然後將針沿著一側褶邊的內裏滑行約3～6公釐(0.125～0.25吋)。將針自褶邊穿出,直接插入對面的褶邊內裏。重複做。

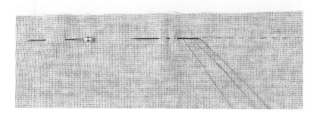

平針縫

這個簡單的手縫針法在小範圍內很好用，但是不是很堅固。由右向左縫，沿著車合線縫，將針向下穿過2層布料，然後再挑起。維持針腳細密。

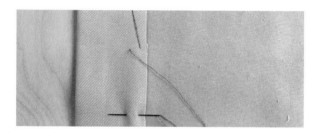

長針縫

用於有襯裏的窗簾布上，縫合窗簾兩側側邊時使用。由右向左挑起，然後向斜下方右側約4公分(1.5吋)的地方刺入。重複做。

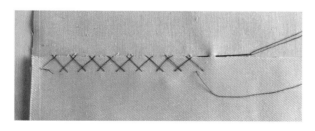

千鳥縫

用於縫合襯裏的下擺時。從左向右縫，以回針縫起針。將針從下擺拉出，斜拉向右上方，在下擺上從右向左挑一針。將針拉向右下方，然後再度由右向左在下擺上挑一針。重複做。

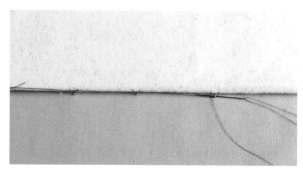

鎖縫

於將襯裏縫在窗簾上時使用。在指定的位置摺好襯裏。在襯裏上以回針縫開始，然後將針沿著襯裏向前，在襯裏的褶縫上挑起一針。針眼與針腳之間的線形成一個環，在這個環中挑一針窗簾布。將線拉直但是不要拉緊。針腳的距離維持在10公分(4吋)。

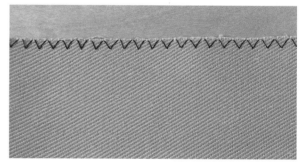

毛邊縫

毛邊縫是一種車縫針法，使用在剪裁過的布邊上，有整理和預防脫線的的作用。針腳的長度可以調整得更緊密或是疏鬆。也可以調整針腳的寬度，讓它變得更寬或是更窄。長度與寬度適中的針腳，通常最適合讓衣物的邊緣顯得更整齊。將毛邊縫的針腳密度調整的很緊密時，通常稱之為密拷縫。

接縫與下擺

在車縫前，採用珠針固定或者是假縫固定視個人喜好而定。經驗較不足的人，可能希望在車縫前，用珠針同時假縫固定；那些較具信心者，則可能傾向於珠針固定，然後車縫遇到珠針時就予以移除。

平縫

　　平縫用於將2塊布料縫合在一起。在接縫窗簾寬度時，可以打開燙平，或者是維持著毛邊緊靠的狀態。縫分通常是1.5公分(0.625吋)寬。必要時，會在說明中清楚指示。

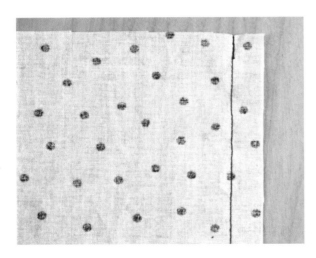

1 將布料正面相對，對齊毛邊放在一起。在距離毛邊1.5公分(0.625吋)處車縫。

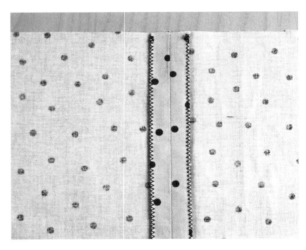

2 將布料攤平，打開縫分，然後用熨斗的尖端燙平。若毛邊暴露在外，可用毛邊縫整理。

窄縫合

這種接縫通常用在透明布料上,因為比較整齊,而且比燙開的縫分較不引人注意。採用平縫的手法車合(見步驟1)。將縫分修剪為原來寬度的一半。用毛邊縫將兩側的縫分車合。將布料攤平,然後將縫分燙平至一側。

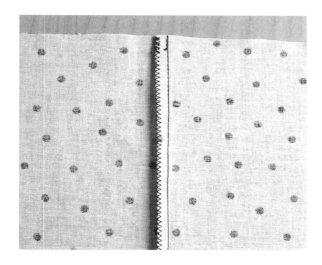

修剪

接縫的縫分通常都維持原狀,但是如果它們在作品的邊緣形成過多的體積的話,可以修剪為原來寬度的一半。要修剪角落,首先斜剪掉角落,然後再剪去斜剪製造出來的楔型角。

包褶縫合

包褶縫合用在需要堅固、易清洗車縫的時候。

1 將2塊布反面相對,對齊毛邊放置。在縫分1.5公分(0.625吋)處車縫。將一側的縫分修剪為6公釐(0.25吋)寬。

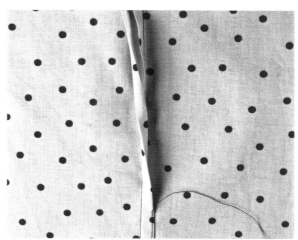

2 將布料攤開,將寬的縫分壓在窄的縫分上燙平。將寬的縫分包住並摺於窄的縫分的下方後整燙。在貼近褶痕的位置車縫。完成的接縫將於正面有兩道平行的車縫線。

基本下擺

向反面摺燙一道1〜1.5公分(0.375〜0.625吋)的縫分,然後向反面摺燙出下擺的寬度,然後用手縫或是車縫固定。

雙層下擺

這種下擺適用在透明布料以掩飾內層的布邊。首先,先將下擺寬度摺燙至反面,然後相同的寬度再摺燙一道,接著用手縫或車縫固定。

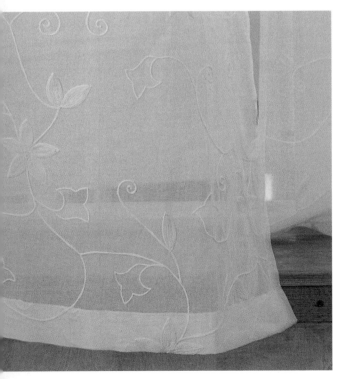

上圖: 在透明布料上採用雙層下擺,免得顯露出不同的參差不齊的下擺寬度。

盲縫下擺

大多數的縫紉機有盲縫針法的選項,這是由幾針直線再加上一針寬的鋸齒針所紐合。直針是沿著下擺邊緣走,鋸齒針則將下擺和窗簾縫合在一起。想要正確地設定這個針法有點困難,但是在車縫長距離時絕對值得努力。

依前述描寫摺燙好下擺。然後,反面朝上,將下擺摺到窗簾正面,沿著褶線車縫固定。

斜接角下擺

1 根據需求寬度將下擺摺燙至反面。打開下擺。將邊側角向內摺，最外側的角落在第一道褶邊線上。

2 重新摺好下擺，在角落就會形成一個整齊的斜接角。以相同的手法斜接其他的角落。手縫固定斜接角，然後手縫或是車縫固定下擺。

覆蓋窗簾砝碼

　　圓形砝碼最好是包覆住，以避免摩擦布料。將一小塊襯裏對摺，形成一個比砝碼略大的口袋。用手或是車縫縫合口袋兩側，將砝碼放入。然後將口袋放縫在下擺裡。

專業建議

　　針對長或是厚重的窗簾，在口袋內放入2個砝碼，以增加重量。如果你需要製作多個口袋，剪裁一條長布條，然後沿著長的一側對摺。將一端縫合，然後留下口袋的空間，然後再車一道。隔1公分(0.375吋)的寬度，再車一道形成第二個口袋的第一道縫線。留下口袋的空間再車一道。重複以縫製所需的口袋數量，然後在1公分(0.375吋)寬的位置剪開。

包邊和斜接角包邊

單平包邊

　　單平包邊是只出現在窗簾的正面，可以使用在完全有襯裏覆蓋的窗簾，如船帆窗簾(見62～64頁)。先將包邊縫在對稱的邊緣。後縫的兩側包邊，則必須延伸到完全包住先前的兩道包邊之外。如果中央的窗簾是長方形，則先縫製較長的兩邊。

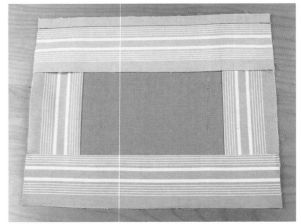

　　測量要先縫製包邊的兩側，然後再加上3公分(1.25吋)的寬度。包邊和窗簾正面相對，採1.5公分(0.625吋)縫分縫合。將縫分倒向包邊側燙平。丈量剩餘的邊緣，必須包括先前縫製的包邊的長度，然後再加上相同的縫分寬度剪裁。依樣縫製後，以相同的手法整燙。

左圖：雙層包邊替印花窗簾
增添整潔對比的邊緣處理。

雙層平包邊

雙層平包邊密合包覆在窗簾的邊緣，你必須將窗簾剪裁至完成尺寸，然後包邊條用布則須剪裁出完成包邊的4倍的寬度。

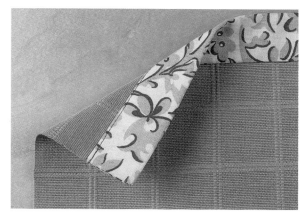

3 將另一半包邊翻轉至窗簾的反面，反面的包邊因為較寬，會長過正面的車線位置。從窗簾正面，沿著包邊邊緣以落針縫車合。

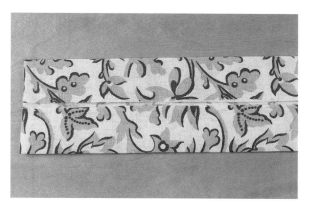

1 將包邊對摺燙平打開，然後再將兩側邊緣幾乎對摺至中央線，保持一側較寬。較寬的一側是位於下面的包邊。整燙。

2 將較窄的一側打開，毛邊相對放置在窗簾的正面。沿著褶痕車縫。

收邊與收尾

想要整齊地完成雙層平包邊的短邊，在車合第一道之前，讓包邊超窗簾邊緣0.5公分(0.25吋)。完成第一道車縫後，先將包邊摺向毛邊，然後將應摺向反面部分，反摺回正面。將突出的部分與窗簾頂端車合。將包邊的正面反轉出來，再車縫第二道縫線。

單斜接角包邊

　　單斜接角包邊是主窗簾布用來增添裝飾性的邊飾，最適合用在完全加襯的窗簾，如船帆窗簾(見62～64頁)。決定所需的包邊寬度之後，再加上3公分(1.25吋)的縫分。長度則先測量主窗簾含縫分的長度，然後再加上完成包邊寬度的兩倍。

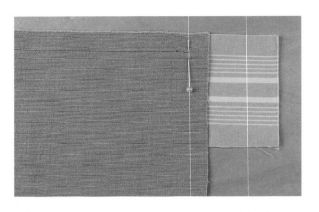

1 將主窗簾和包邊的中心點對齊，將包邊和窗簾的邊緣車合，車線的首尾各留下1.5公分(0.625吋)部分無須車縫。以相同手法車縫4條包邊，注意不要縫到包邊突出的尾端。

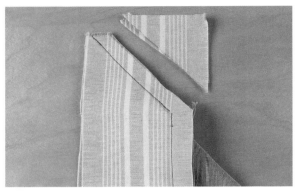

3 以步驟2車縫4個邊角。在車縫的斜線外留下1.5公分(0.625吋)的縫分，然後剪除多餘的布料。以相同手法修剪4個邊角。

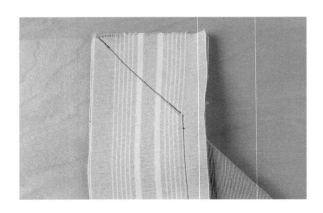

2 將窗簾的邊角斜對摺，將縫分倒向中央窗簾，對齊緊鄰的兩條包邊。將直尺放置在中央窗簾布所形成的斜角上，然後沿著這這條線畫一道線，沿著線車縫。

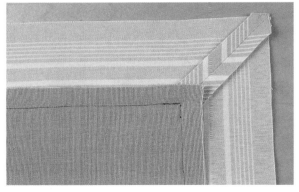

4 打開包邊條，將縫分打開燙平。包邊較長的縫分可以打開燙平以減少布料的厚度，或者如圖所示將縫分倒向包邊燙平，通常後者的視覺效果較佳。

雙層斜接角包邊

　　這種包邊突出於窗簾主布之外。要計算剪裁多寬的包邊條，必須先決定完成後包邊的寬度，然後乘以2之後再加上3公分(1.25吋)的縫分。至於長度，則測量主窗簾包括縫分的長度，再加上完成包邊的2倍寬度。

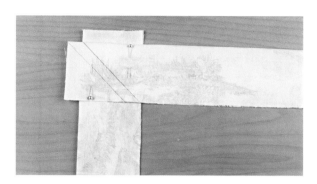

1 反面在外，對摺包邊條。將2條包邊條各突出1.5公分(0.625吋)呈直角放置，用珠針固定。在2條包邊交錯的位置，從外側角到內側角畫上一條車縫線。在這條縫線外側的1公分(0.375吋)的位置畫上縫分。將包邊條反轉，在另一面做相同的處理。沿著外側線剪裁多餘的布料。

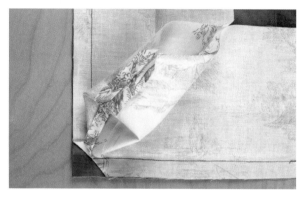

3 將包邊的正面放置在窗簾的背面正確的位置。用珠針固定，確認4個邊角都對齊，包邊條的車縫線距離窗簾角的距離都是1.5公分(0.625吋)。不可連續車縫，車縫每道包邊時，都必須重新開始。

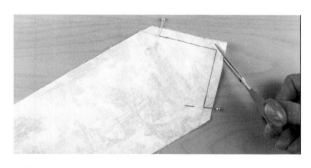

2 將珠針取下。打開包邊條，然後在末端線的一半畫上車縫線。將正確的包邊條正面相對放在一起，在距離頭尾各1.5公分(0.625吋)位置，沿著畫好的線車縫。修剪尖角，並且將縫分燙開。以相同手法完成4個邊角。

4 將縫分倒向包邊的反面，然後用包邊包住窗簾，恰好遮蓋住先前的車縫線，並且將毛邊完全包住。車縫固定。

包管套

包管套是在窗簾的上方形成的長型管套，好讓窗簾桿或是伸縮桿穿過，以製造皺褶。包管套可以位於窗簾的邊緣，或是邊緣的下方，當拉開窗簾時，可以在包管套的上方形成裝飾性的皺褶。包管套也可以不同的布料來縫製。

摺疊式包管套

這種簡單的包管套，可以讓窗簾桿或是伸縮桿穿過。

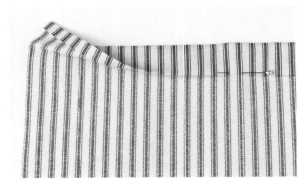

1 向反面熨燙出1公分(0.375吋)，然後再向反面摺出包管套的寬度。用珠針及假縫固定。

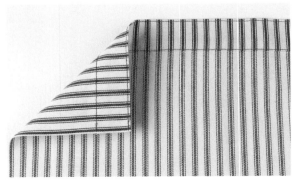

2 沿著包管套的下緣車縫。也可以沿著包管套的上緣車二一道裝飾線，看起來會更為整齊。

荷葉邊包管套

這種包管套和摺疊式包管套類似,但是包管套的位置距離上緣有段距離,在窗簾桿的上方會形成直立的荷葉邊。

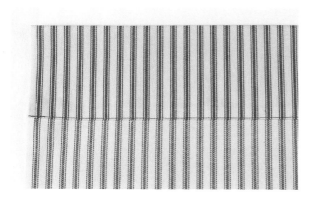

1 向反面摺燙出1公分(0.375吋),然後再向反面摺燙出荷葉邊加上包管套的寬度。用珠針固定、假縫,然後沿著包管套的下緣車縫。

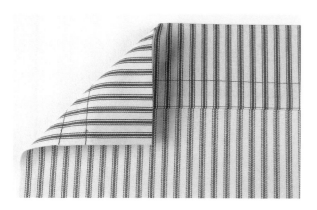

2 在第一道車縫線的上方約2～3公分(0.75～1.25吋)的位置,車另一道縫線,以形成包管套。

左圖:荷葉邊包管套在咖啡館窗簾的窗簾桿的上方形成美麗的細節。

獨立包管套

這種包管套以另外一塊布料製成。測量所需的包管套的長度和寬度,然後加上2公分(0.75吋)長度,和2.5公分(1吋)的寬度。

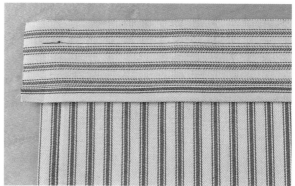

1 沿著包管套的長邊向反面摺燙1公分(0.375吋)。將包管套放在窗簾的邊緣上,正面相對,長邊的毛邊對齊,短邊則在兩側各突出1公分(0.375吋)。用珠針、假縫固定,採用1.5公分(0.625吋)的縫分車縫固定。

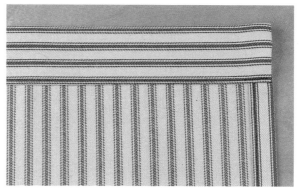

2 將縫分及兩側突出的尾端摺燙向包管套的反面。將包管套摺燙向窗簾的反面。用珠針、假縫固定,然後沿著下緣車縫固定。

流蘇

可以購買現成的流蘇，或者是將布料的緯線拉掉，製造出流蘇。有些織法緊密的布料，如斜紋棉布很難拉出流蘇，所以購買前要問清楚。

貼縫現成流蘇

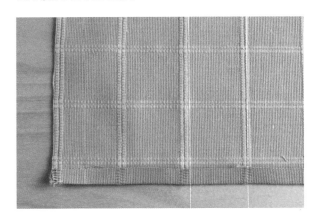

1 向窗簾正面摺燙出一道縫分，不可以超過流蘇的織帶部分的寬度。

2 將流蘇放置在縫分上，並且完全覆蓋住縫分。沿著布料及毛邊邊緣車縫，讓毛邊完全地被覆蓋住。

自製流蘇

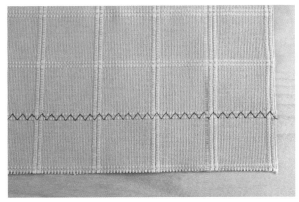

1 要製作耐久的流蘇，先在流蘇位置的上方車一道毛邊縫。

2 然後拉去布料的緯線，直到毛邊縫為止。

襉飾

襉飾是將布料摺起，車縫固定形成具有裝飾性的褶子。使用襉飾時，布料會因為襉飾而減少襉飾寬度兩倍的布料。使用購入現成的布製品，如床單來當做窗簾使用時，襉飾是減少長度的理想做法。

製作針紋襉飾

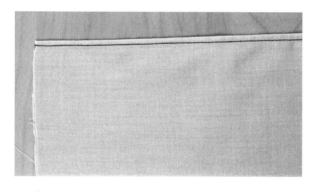

將布料沿著襉飾的位置，摺向反面，然後燙平。在距離褶線3公釐(0.125吋)的位置車縫固定。將布料打開，將襉飾燙向一側。

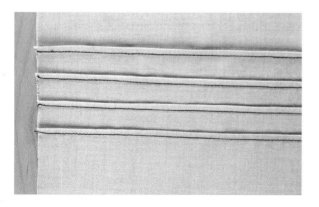

一連串的襉飾的效果比單一襉飾要好。想要均勻地安排襉飾的位置，先用珠針或是可洗去的記號筆畫出襉飾的距離，然後沿著記號摺燙。

寬襉飾

沿著畫好的線摺燙出襉飾褶子。從褶線開始量褶子的寬度，用珠針標記好。假縫後，延著假縫線車縫固定。或者是利用縫紉機針板上的引導線，來維持襉飾褶子的寬度。將布料攤開燙平，將襉褶倒向一側。

雙車針襉褶

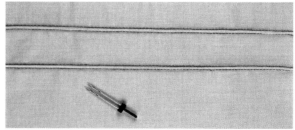

有雙車針功能的縫紉機，可同時車縫兩道平行的車線，在如細棉布等輕薄的布料上，可以製造出細緻的襉褶。首先摺燙出一道褶痕。將布料打開，將褶線放置在兩根針的中間車縫。

細部處理

孔眼、繫帶和窗簾環都是取代傳統拉皺帶以懸掛窗簾的不錯選擇。窗簾環和繫帶可以直接縫在窗簾上,孔眼則可以穿在窗簾桿上或是利用掛勾懸掛。

手縫窗簾環

　　用手縫將窗簾環下方的小環,固定在窗簾的頂端用珠針標明的位置。可以將小環的下緣縫在窗簾頂端,讓小環明顯可見;或者可以縫在較下面的位置,半由窗簾遮蔽,主要讓大窗簾環暴露在外。用細密的針腳將小環固定在窗簾的背面。

製作繫帶

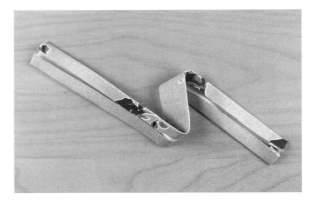

1 先將短端一側及長端兩側向叉面摺燙出1公分(0.375吋)的縫分,如果短端兩側都會暴露在外,就得在兩邊都摺燙出縫分。

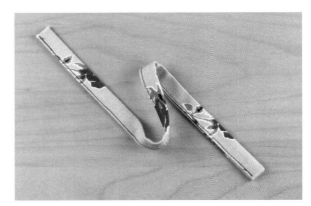

2 將繫繩對摺,燙平。沿著長端開口車縫。較寬的繫繩,兩側短端也必須車縫。只有12公釐(0.5吋)寬度的繫繩,不需要車縫短端。

孔眼及間距

1 位於兩側各2公分(0.75吋)的位置,用珠針固定並標記出兩側的孔眼。然後,以13~15公分(5~6吋)的間距,均勻地放置其他的孔眼。然後再根據窗簾的寬度來調整孔眼間的距離。

3 在穩固的表面上,將環反轉過來。將孔眼放置在環上,然後將窗簾正面朝下放好,讓孔眼穿過打好的洞口。

2 當孔眼均勻地放置好後,在孔眼的中央畫上十字作為標記,然後移除珠針。將布料放在環上,然後將切割工具放在十字上。根據使用說明敲打出孔眼。

4 將孔眼的另一側放在上面。將組合工具放在孔眼上。檢查都對齊後,根據使用說明,用榔頭完成孔眼。

製作窗簾繫帶

窗簾繫帶是用來固定拉開的窗簾,一方面有採光的需求,另外也能製造漂亮的懸掛效果。最簡單的窗簾繫帶、緞帶或絲繩可以環繞窗簾,然後將其固定在窗簾兩側或後方的掛勾上。長條繫帶最容易製作,也是能增添風格化的細部處理。

長條繫帶

簡單的長條繫帶利用穿過孔眼的緞帶、棉布條或是鞋帶來固定,或者簡單地固定在牆上的掛勾。另外,也可以利用固定在繫帶兩側窗簾環,來掛在牆上的掛勾。

材　　　料
● 布料
● 縫線
● 厚襯裏
● 每一條繫帶需兩個孔眼,或是兩個窗簾環

剪裁

除非特別說明,縫分內含1.5公分(0.625吋)。剪裁出所需長度再加上3公分(1.25吋),寬10公分(4吋)的繫帶布料,將襯裏剪裁為相同的長度,但寬度僅需一半。

1 根據說明,利用熨斗,將襯裏固定在布料的內側一半的位置。將布料對摺,襯裏在外。從一端開始,沿著短邊、長邊車縫,在長邊的中間留下一個10公分(4吋)缺口。

2 將突出於車線外的襯裏剪掉。將繫帶內外反轉,整燙,開口處的縫分須向內摺。挑縫縫合開口。

3 將兩個窗簾環手縫固定在繫帶的兩側,或者,也可以在繫帶兩端的中央,依說明固定兩個金屬孔眼,然後直接掛在窗簾勾上。

懸掛用具

傳統上，窗簾是掛在固定在窗戶上方的軌道或是窗簾桿上。窗簾軌道幾乎只有功能性，通常都固定在窗框的上方。但是窗簾桿不但具備功能性，還有裝飾性，通常是固定在窗戶上方的牆壁。針對薄紗、露空紗以及半長的咖啡館窗簾，則另有較輕的窗簾桿。

窗簾桿

窗簾桿有著金屬或是木製等許多不同的風格，通常尾端還有著裝飾性的桿頭。窗簾桿通常用掛勾懸掛在窗戶上方的牆壁上。固定在窗簾上的窗簾環套在窗簾桿上，讓窗簾懸掛在窗簾桿的下方。另外，也可以將窗簾夾固定在窗簾上，然後掛在窗簾環上。

咖啡館窗簾桿

可調整的輕質窗簾桿可以用來懸掛咖啡館窗簾和其他質料輕薄的窗簾。這種窗簾桿固定在窗戶上，並不需要固定在凹槽或是洞中。

窗簾軌道

傳統的窗簾軌道通常是塑膠製，並且和拉皺帶及窗簾勾一起使用。掛勾穿過縫在窗簾上緣的拉皺帶上，然後在掛在軌道上。閉闔時，窗簾能完全遮蔽軌道，窗簾的頂端會凸出於軌道的上方。

上圖：裝飾性的窗簾桿頭提供窗簾桿兩側風格化的細節。

張力細鋼纜

這種細鋼纜外面包附著白色塑膠。細鋼纜往往是穿過窗簾頂端的包管套，或是窗簾上下方的孔眼，然後鎖定在兩側的窗框上。

伸縮桿

可調整的彈性伸縮桿，利用窗框的兩側，或是兩側的凹槽來穩固位置。最適用於輕質的窗簾和咖啡館窗簾。

窗戶的種類

根據建築物的年代及風格的不同，有著許多不同形式的窗戶，從巨大的簡單景觀窗，到窄小透光的凹窗。以下是一些較常見的窗戶類型。

下開窗

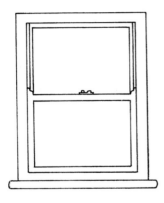

下開窗利用隱藏在窗框兩側的懸掛系統，上下開闔。

外推窗

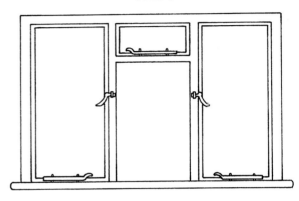

外推窗利用固定在一側的絞鏈開闔。直立型的窗戶絞鏈通常位於兩側，上面的氣窗的絞鏈通常位於上方。

凹窗

凹窗深陷入牆中，所以通常是與外牆切齊，內側則有著較寬的窗台。凹窗通常採用絞鏈式的開闔系統。

海灣窗

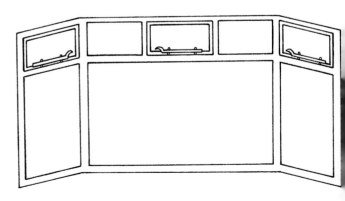

海灣窗向外突出，在室內形成一個壁龕。海灣窗的型態可以成弧線或是多角形，或是方形。可能是上下開闔，或是採取外推式。

示範與效果

首先考慮你想要的效果，以及窗簾的示範以及厚薄，然後再決定哪一種布料，以及需要購買的數量。

窗戶修飾

凹窗

這種類型的窗戶可以採用和凹孔一樣大小，或是懸掛於凹孔之外的窗簾。前者需要較小的窗簾，但是就算是完全開啟時，也可能會遮蔽住部分的窗戶。想要善加利用天然光線，最好是將窗簾放置在凹孔之外，或者採用百葉窗。

懸掛在凹孔之外的窗簾的效果較為華麗，可以完全拉開，長度可以比窗台稍長，或是落地。

掛在凹孔內側的窗簾，會遮蔽住部分窗戶，呈現一種溫馨的鄉村小屋風味。

外推窗

　　窗簾的選擇，直接影響到窗戶的感覺。外推窗可以利用簡單、拉向一側的窗簾，製造出較小、較鄉村風的窗戶修飾。或者也可以利用層疊懸掛在兩側的窗簾，而顯得更大。

　　對位於小房間的外推窗而言，雙層垂花飾的窗簾是效果極佳的窗戶修飾。適用於可能需要較多隱私的一樓衛浴中。

　　在較大的房間，懸掛在長長的窗簾桿上的窗簾，可以推開到窗框的兩側外，恰好遮住窗框的位置，可讓窗戶線得更為寬大，製造出現代感的造型。

修飾窗戶

　　需要窗簾修飾的窗戶，可以部分或是完全被窗簾遮蔽。這或許會阻隔一些光線，但是能掩蓋住醜陋的景觀或是提供一些隱私。如薄紗或是細麻布之類質輕、透明的布料，可以讓大多數的光線穿透。針對那些是要拉開的窗簾，較薄的布料佔據的空間比厚布料要來得少，後者可能會遮住窗的兩側。可能的話，裝置一個比窗戶寬的軌道或是窗簾桿，當窗簾拉開時是懸掛在牆壁上，不會遮蔽住窗框或是玻璃。被窗簾遮住的區域被稱之為堆背面(stack back)。

　　安裝在凹孔外可遮蓋住整個窗框的窗簾，可以懸掛在窗戶修飾邊條或是牆壁上方的窗簾桿上。在測量所需的窗簾布需求量之前，必須先考慮窗簾的懸掛方式，因為這會影響到窗簾布的寬度以及長度。

海灣窗

在大型窗戶和海灣型窗戶上，可以採用一對窗簾自兩側環繞整面海灣窗，然後在中間閉闔。不過，這意味著，就算在窗簾開啓的時候也會遮蔽住大量的窗戶，而且窗簾會很難拉動。另一種方式是將窗簾分割為四面較窄的窗簾，在閉闔時每面窗簾必須行經的路線較短。

在海灣窗戶上，僅用一對窗簾來遮蔽整個窗戶，在開啓時也將會掩住一些窗。半長的窗簾會強調窗戶的寬度。

在海灣窗戶上，分割成4份的窗簾可以調整讓更多的光線進入，也會較容易開闔。落地的窗簾會強調窗戶的高度，顯得比半長的窗簾要來得高。

咖啡館窗簾

遮蔽住窗戶下半截的窗簾，一般稱之為咖啡館窗簾。這可以利用一個安裝在窗框上的輕質窗簾桿、張力鋼纜或是特殊的咖啡館窗簾桿來懸掛。或者，窗簾可以只遮蔽住玻璃的部分，利用卡在窗戶兩側內框的伸縮桿懸掛。

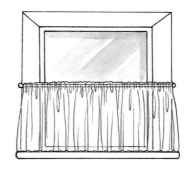

咖啡館窗簾可用懸掛固定在窗框兩側的輕質窗簾桿來懸掛。

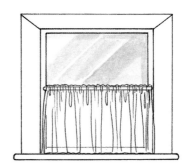

或者，咖啡館窗簾也可以只遮蔽住玻璃的部分，利用卡在兩側窗框上的伸縮桿懸掛。

測量

仔細測量，找個朋友協助拉住軟尺的另一端，往往很有幫助，尤其是在測量大型窗戶時。基於窗簾形式的差異，並不是以下每個數據都需要。

計算布料需求量

謹慎測量，然後再檢查一次，以確認你的數據的正確性。家飾布通常都很寬，所以往往單幅布就足以製作好幾面窗簾。你將發現家飾布店櫃檯人員樂於提供協助，有疑問時他們會協助你檢查你的數據。

凹窗內

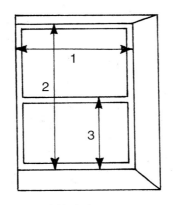

1. 凹孔的寬度。
2. 凹孔的高度。
3. 玻璃框到窗台的距離，以製作咖啡館窗簾。

凹窗外或是一般窗戶

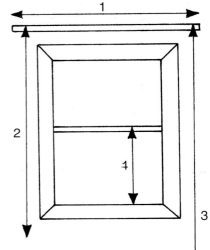

1. 窗簾軌道或窗簾桿的長度。
2. 自軌道或是窗簾桿到窗簾下擺的距離。
3. 自軌道或是窗簾桿到地板的距離。
4. 從玻璃框到窗台的距離，以製作咖啡館窗簾。

估算布量

製作窗簾所需的布量因窗簾的風格而有所不同。3個必須考慮的要素：

● 窗戶的大小
● 窗簾的風格
● 窗簾的豐厚度

在決定你的數據之前，將必須考慮窗簾桿或軌道的位置，以及完成窗簾的長度和虱格。正確的長度可以等窗簾製作完成、懸掛起來再決定，但在剪裁之前，你必須先確認需要的長度。

豐厚度

　　窗簾的豐厚度決定每片窗簾需要的幅寬。大多數豐厚的窗簾至少需要雙倍的豐厚度，所以必須將窗簾桿或是軌道的寬度乘2，才是真正需要的布料寬度。不需要太多重量就垂掛的很好的短窗簾，可以不需要那麼豐厚，另外凹窗如果採用太過豐厚的窗簾，會遮蔽住光線。另外，如果布料有著大型的主要紋樣，就不要太過豐厚，才不至於因為皺褶而遮掩住紋樣。下表是理想的豐厚度：

上緣處理	豐厚度
繫繩	1.5～2倍
布環	1.5～2倍
窗簾環	2～2.5倍
皺褶	大多數布料採取2～2.5倍 薄紗則採用2.5～3倍
細筆褶	2～2.5倍
傳統褶	2～2.5倍

布料寬度

　　以下的例子告訴你該如何估算製作一對窗簾所需的幅寬。可以不需要車合一整幅布，例如，每片窗簾可能需要一倍半的幅寬，所以一片窗簾只需要用到一個半幅寬，3個幅寬的布料就夠了。節省地使用半幅以下的布料並不划算，不過剩下來的布料還另有用途的話，也可以只用1／4幅寬。

2片窗簾所需的窗簾桿或軌道長度	=200公分
除以2以得到單片窗簾的寬度	=100公分
加上兩側縫邊的寬度	=110公分
乘以需要的豐厚度(如X 2.5)	=275公分
除以布料的幅寬(如140公分)	=1.96
進位或退位至最接近整數 或是一半幅寬	=2幅寬 　每片窗簾

紋樣單位

　　全面性的小型紋樣的窗簾可能不需要對花。不過，較大的紋樣(站得稍遠就可以明顯看見同一個花樣重複者)在拼接幅寬時就需要對花了，同時2片窗簾也需要對花，這樣子窗簾闔起時，紋樣才會對齊。

　　紋樣重複出現的距離就是紋樣單位。有時候，這種單位會標明在布邊上。每一幅寬的長度上的紋樣單位，必須要列入剪裁長度的考量。這樣，窗簾紋樣才對得起來。最簡單的方法是先剪裁第一個幅寬所需的長度，然後將布料放在旁邊對齊紋樣。這將能清楚地顯示出在第二個長度開始前，有哪些地方是必須先剪去。

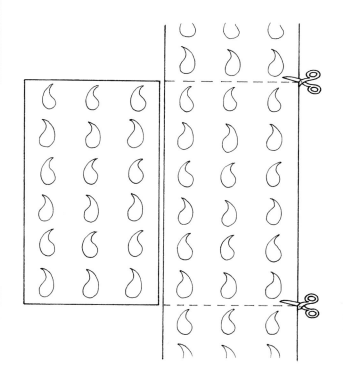

作 品 示 範

夾式窗簾

最簡單的窗簾，不用縫紉的夾式窗簾，利用現成的物件而非窗簾布，根據窗戶的大小以及所需的窗簾厚度——床單、床罩、隨意毯、桌巾甚至廚房用布都可以適用。柱狀、螺旋狀或是平的彈簧夾，夾在窗簾上，然後勾在窗簾環上或者是採用夾子原本附帶的環就可以了。

材料
● 現成的物品：例如床單、桌巾或是隨意毯
● 夾子

懸掛工具
● 窗簾桿和桿頭或者是張力鋼纜以及金屬的螺絲孔眼和掛勾

適用於
● 棉布、混紡棉布、條紋棉布和棉絨
● 平窗以及內凹窗

製作

　　盡可能挑選適合你的窗戶尺寸的物品。寬度可以靠調整窗簾的豐厚度來控制。如果你希望懸掛的窗簾顯得豐厚些，就需要寬度2音的布料才能顯得豐厚。長度則可以透過調整窗簾桿的位置，或者是讓窗簾下擺垂到窗台以下，甚至更長的話，則可堆積在地板上。另外，較輕薄的素面布料如床單或是桌巾，可以利用摺疊上緣，製作橫跨整個寬幅的襉褶來調整長度，透過光線的烘托效果十足。

　　製作襉褶，只需要將布料的反面相對摺起來，然後沿著固定的距離車縫即可。每個襉褶能縮減襉褶寬度2倍的布料。也可以在窗簾下擺縫製一連串3個襉褶，從上而下逐漸加寬每一個襉褶。

花布簾

周圍環繞著花朵，和中央風格化花朵紋樣的桌布，為平凡的房間增添新鮮的窗戶修飾。挑選尺寸適當的桌布，然後用夾子將它懸掛起來。

螺旋與條紋

這個現成的窗簾是將小螺旋圈，依固定距離穿過廚房用布的上緣製作而成。然後在簡單地用窗簾環掛在窗簾桿上。

現成摺疊上蓋窗簾

簡單但是效果十足，摺疊上蓋窗簾是迅速又簡單縮短現成物品長度，以符合窗戶需求的做法。和夾式窗簾一樣，各式各樣的床單、布料和隨意毯都可以任意發揮。不過，由於摺疊的部分會暴露出物件的反面，所以必須採用正反面相同的物件，或者是反面可以和正面搭配的物件。

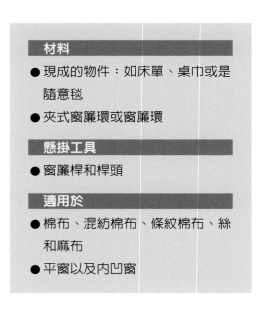

材料
● 現成的物件：如床單、桌巾或是隨意毯
● 夾式窗簾環或窗簾環

懸掛工具
● 窗簾桿和桿頭

適用於
● 棉布、混紡棉布、條紋棉布、絲和麻布
● 平窗以及內凹窗

製作

　簡單地將多餘的布料反摺到正面，當作懸掛在一起的上蓋。用1、2個夾子或是用珠針將窗簾環固定在褶線上，然後套上窗簾桿懸掛起來。檢查窗簾的長度，將窗簾放下，整燙褶線。

　均勻地將夾子或窗簾環放置在褶線上，窗簾兩側需各放一個，其餘則距離12.5～15公分(5～6吋)均勻放置。如果採用窗簾環，則用珠針標明位置。將窗簾環的下方整齊地縫在褶線邊上，或是可以縫在部分被窗簾掩蓋、較為下方的位置。以細密的針腳將窗簾環固定在兩層的布料上，縫製過程中順便移除珠針。如果窗簾環有小的孔眼環，就將它縫在褶線頂端的後方。

　摺疊上蓋窗簾也可以利用布料迅速製成。挑選一塊夠寬的布料，利用原來的布邊作為窗簾的兩側，然後在下擺的位置製作雙層下擺，然後摺疊上緣就完成了。

細繩布幕

　　一張有裝飾性蕾絲或是美麗貝殼邊的桌布，可以利用緞帶或是布條繫在窗簾桿上，作為清新的窗戶修飾。

　　首先摺疊布料，決定到底需要反摺多少布料，才能製作出適當的長度。將所需的份量反摺到正面，整燙褶線。決定細繩的長度，然後剪裁出兩倍的長度。將細繩對摺，壓出褶痕。將布料和細繩打開，將細繩放置在褶線上，對其細繩和布的褶線。均勻地放置細繩。最後，沿著褶線車合固定細繩，然後重線將窗簾摺好。

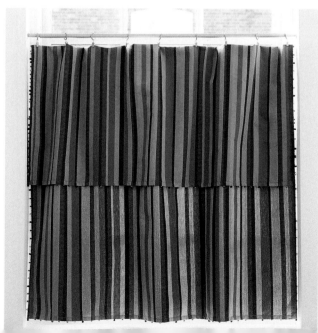

串珠條紋

　　一張大膽地以粉紫、淺紫條紋搭配的桌巾，很適合用來製作簡單的摺疊上蓋窗簾。上方幾乎對摺的深度，形成美麗的雙層效果。這塊桌巾有著漂亮的串珠滾邊，提供了這個現成窗簾在下擺和上蓋下擺上漂亮的邊飾。均勻固定的夾子和窗簾環的組合，很適合懸掛這種快速的窗戶修飾。

45

縫製摺疊上蓋窗簾

這種方式適合用在正反面不同的摺疊上蓋窗簾上,這時上蓋的部分就需要另外剪裁了。或者也可以用在摺疊部分想要採用對比或是不同方向條紋的時候。

剪裁

決定完成的窗簾長度,然後加上11.5公分(4.5吋)作為下擺和縫分。決定上蓋部分的長度,然後加上5.5公分(2.125吋) 作為下擺和縫分。幅寬則需要窗簾寬度的1又1/3或2倍,以製造豐厚度。布料越輕薄,可以越豐厚,再加上8公分(3.25吋)兩側的縫邊。

方法

1 在窗簾主體布的兩側向反面摺燙出一道1公分(0.375吋)然後再摺燙一道3公分(1.25吋)車縫固定。然後在下擺,摺燙出一道5.5公分(2.125吋)雙層下擺,車縫固定。

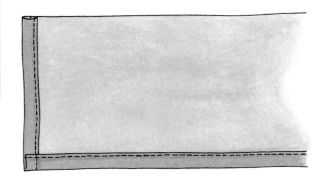

2 當作上蓋的布的兩側向反面摺燙出一道1公分(0.375吋)然後再摺燙一道3公分(1.25吋)縫分車縫固定。然後在下擺,摺燙出一道3公分(1.25吋)雙層下擺,車縫固定。

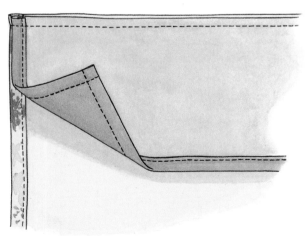

3 將上蓋的正面放在窗簾反面上，對齊上緣。採用1.5公分(0.625吋)的縫分，車縫固定。

4 將縫分打開，將上蓋翻到窗簾的正面，然後整燙。將窗簾環縫在上緣，左右兩側各一，其餘則以12.5～15公分(5～6吋)的間隔均勻放置。

滾繩上緣

一圈圈的滾繩沿著涼爽的格紋布的上緣，為簡單、俐落的浴室窗簾增添質感和風格。滾繩的兩端整齊地塞入兩側縫邊，然後滾繩形成的圓圈均勻地分布在窗簾上緣，用手縫固定，成為窗簾桿可以穿過的窗簾環。選擇一條較柔軟，容易控制的滾繩，挑選棉製的曬衣繩，或是較粗的棉滾繩也可以。

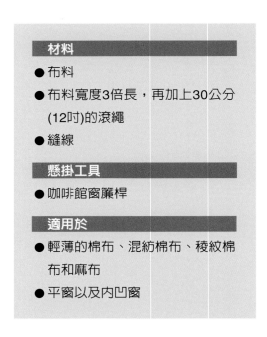

材料
● 布料
● 布料寬度3倍長，再加上30公分(12吋)的滾繩
● 縫線

懸掛工具
● 咖啡館窗簾桿

適用於
● 輕薄的棉布、混紡棉布、稜紋棉布和麻布
● 平窗以及內凹窗

方法

1 先將上緣的部分，向反面摺燙出一道1公分(0.375吋)然後再摺一道4公分(1.5吋)縫分，車縫固定。沿著上緣車一到裝飾縫。

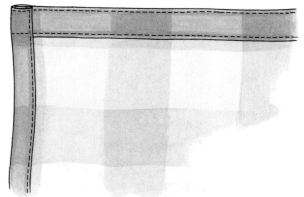

2 在窗簾的兩側，向反面摺燙兩道各2.5公分(1吋)縫分，製作雙層縫邊，車縫固定。

剪裁

　　除非特別說明，不然1.5公分(0.625吋)的縫分已經包含在內。測量所需的窗簾布的寬度再加上適當的豐厚度的布量，再加上10公分(4吋)作為兩側的縫邊。測量需要的長度，再加上21公分(8.25吋)。

3 將滾繩的一端塞入約2.5公分(1吋)靠近左側
縫邊的位置。縫線穿過滾繩後,則上緣的前
方和後方及滾繩會固定在一起。在後方多縫幾針
固定。

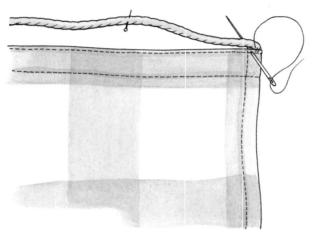

4 將滾繩沿著窗簾上緣放置,將滾繩縫在邊緣
上,斜針進入滾繩的下方,然後直針穿透布
料出來。縫1.5公分(0.625吋)。沿著滾繩量出15
公分(6吋)的位置,用珠針標記好。

專 業 建 議

　　如果滾繩在尾端散開來,在剪斷前先將
尾端的位置用膠帶緊緊地包裹。再將尾端
塞入側邊時,不要拆除膠帶。另外,可以
將尾端浸入液態布料用膠中,在縫製之前
要先讓膠水乾透。

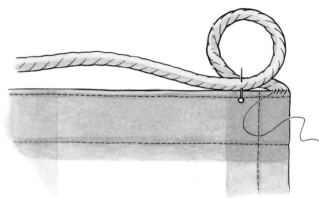

5 將這段15公分(6吋)長的滾繩卷成一個圈。
用針穿過繩圈下方數次,以確實固定。

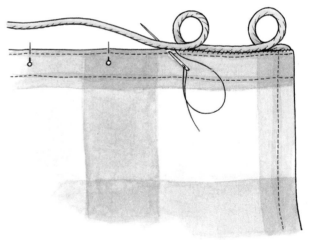

6 沿著滾繩手縫固定7.5公分(3吋),然後再以
相同的手法製作並縫製下一個繩圈。依需要
製作繩圈,然後在另一側以相同的手法收邊。

7 在窗簾的下方向反面摺燙製作一道8公分
(3.25吋)的雙層下擺,然後車縫固定。

主題變化……

鄉村格紋

清爽的鄉村格紋窗簾用滾繩整潔地固定在細巧的窗簾桿上，是相當適用於廚房的半面窗簾。在這個做法中，用金屬孔眼穿透窗簾上緣的縫邊，然後再簡單地將滾繩穿過，在背面簡單地用繩節固定。

採用與前頁相同的手法製作窗簾，再沿著窗簾上緣，間隔8～10公分(3.25～4吋)均勻地裝置孔眼。在滾繩的一端打結，然後穿過孔眼，再套過窗簾桿。在另一端也以繩結收尾。

薄紗布幕

這種透明的窗簾安置在法式落地窗上，效果絕佳。提供隱私的同時，還可以透光，並且提供鑲鏡面的衣櫃風格化的外觀。可以製作成平整的布幕，用細繩或是張力鋼纜穿過上緣包管製造出固定的遮陽效果。你也可以用張力鋼纜穿過下緣包管套，製造出超平滑的效果。

材料
● 布料
● 縫線

懸掛工具
● 窗簾桿或是張力鋼纜和金屬螺絲
  孔眼和掛勾

適用於
● 薄紗、喬琪紗和其他的輕質布料
● 門、廚櫃、衣櫃和窗戶

剪裁

除非特別說明，1.5公分(0.625吋)的縫分已經包含在內。測量完成布幕的大小，再加上4公分(1.5吋)作為兩側的縫邊。測量需要的長度，再加上6公分(2.25吋)作為上下擺。再依照這個尺寸剪裁。

方法

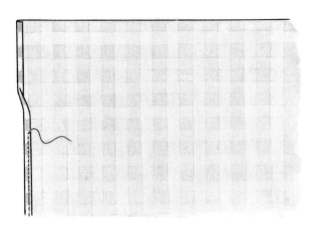

1 在布的兩側向反面摺燙出兩道1公分(0.375吋)作為縫邊。車縫固定。

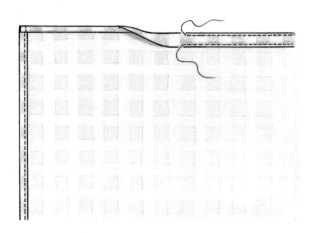

2 上下方先向反面摺燙出一道1公分(0.375吋)縫分,再摺燙一道2公分(0.75吋)以製作包管套。沿著包管套的上下兩側車縫。

> **專業建議**
>
> 　將窗簾桿或是張力鋼纜安裝在玻璃上方,再將窗簾掛上。把另一根窗簾桿或是張力鋼纜穿過下方包管套,以確認下方固定的位置。

漂亮的蝴蝶結繫帶
另一種美麗的選擇,是在下擺不使用鋼纜,而是將窗簾拉開至一側,然後用漂亮的蝴蝶結固定。

主題變化……

拉皺布幕

以細薄的貝殼粉喬琪紗，柔和地打摺，做為優雅落地窗上的布幕。輕質的布料能修飾門窗，提供更多的隱私但卻又不至於遮蔽天然光。製作皺褶需要完成寬度的兩倍寬的布料。這些布幕的製作方式和平整布幕相同，上下則是以塑膠覆蓋的張力鋼纜來拉緊。張力鋼纜是採用小的金屬螺絲孔眼固定，然後再用螺絲掛勾固定在門上。

孔眼和浴廉掛勾

這種創新的窗戶修飾法，使用鍍鉻的浴廉掛勾，能為任何窗戶帶來現代化的風貌。這個設計最適用於厚棉布、麻布，而且用素面布料的效果比花布更好。固定孔眼時，確認它們在上緣的位置，如此浴廉掛勾才能輕鬆地掛在窗簾桿上。

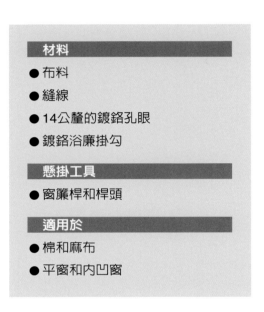

材料
- 布料
- 縫線
- 14公釐的鍍鉻孔眼
- 鍍鉻浴廉掛勾

懸掛工具
- 窗簾桿和桿頭

適用於
- 棉和麻布
- 平窗和內凹窗

剪裁

　　需要完成寬度兩倍寬的布才能產生豐厚度。長度則須加上20公分(8吋)以製作下擺。

方法

1 先將兩側的毛邊，向反面摺燙出一道1公分(0.375吋)然後再摺一道2公分(0.75吋)縫分，車縫固定。

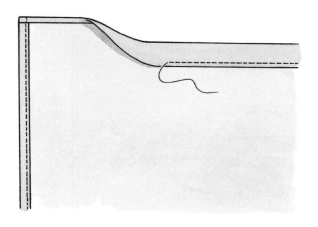

2 在上緣的部分，向反面摺燙出一道1公分(0.375吋)然後再摺一道5公分(2吋)縫分，車縫固定。

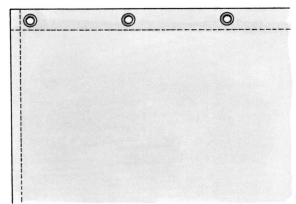

3 距離左右兩側各2.5公分(1吋)的位置，各安置一個孔眼，其餘則以12.5～15公分(5～6吋)的間隔均勻安置。將孔眼安放在距離上緣12公釐(0.5吋)的高度。再按照孔眼安裝說明固定孔眼。

專 業 建 議

　　將孔眼固定在窗簾上之前，先用多餘的布料摺疊出和安裝孔眼位置相同厚度的布，然後試著固定1、2個孔眼。不同製造商所生產的孔眼安裝方式都不盡相同，所以須先行練習才能完美地安裝。你可能會需要利用小剪刀來協助打洞。在穩固、結實、不會因敲打孔眼而受傷的表面上進行孔眼安裝。

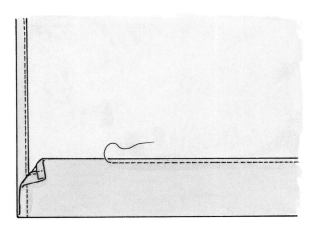

4 在下方向反面摺燙出一道1公分(0.375吋)然後再摺一道12公分(4.75吋)縫分，車縫固定。

主題變化……

現成孔眼

現成的細剪孔繡的布料提供現成的孔眼，同時在下擺的位置還有甜美的貝殼花邊，是可以用在廚房或是浴室的現成半面窗簾。細剪孔繡布料的寬度通常有限，但是長度則可以任意剪裁。你只需要在兩側各摺燙出縫製一道1公分(0.375吋)的雙層縫邊，將浴廉掛勾穿過刺繡的孔眼，就成了立刻可以掛上的窗簾了。

咖啡館窗簾

只遮蓋住下半截窗戶的咖啡館窗簾，最適合廚房和浴室，可以遮掩住醜陋的景觀，或者是在不遮蔽光線的情況下提供隱私。俐落的格紋麻質茶巾加上緞質繫帶很適用於小型的廚房窗戶，或者是蕾絲滾邊的桌巾也能為浴室，或臥室增添柔和的氣息。

材料

- 茶巾
- 搭配的縫線
- 15公釐寬的布條或是緞帶或是一小塊蕾絲滾邊的布
- 平彈簧夾

懸掛工具

- 張力桿

適用於

- 棉布和麻布
- 內凹窗

製作

　　首先，弄清楚需要多少條繫帶，然後以10～12公分(4～5吋)的間隔均勻放置。將最外側的繫帶放在距離兩側縫邊的內側，其餘則均勻放置，然後用珠針標明位置。

1 每一條繫帶需30公分(12吋)長。將繫帶對摺，燙出褶痕。將繫帶放在茶巾上緣的反面，珠針標明的位置上，褶痕則對齊縫邊。珠針、假縫固定，然後移除珠針。

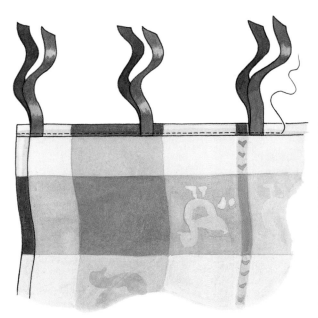

2 車縫固定。雖然可以一一固定繫帶，但是一道橫越整個上緣的車縫線比較迅速，也比較整齊。

蕾絲邊咖啡館窗簾

　　將上緣向正面摺疊出適當的寬度，讓窗簾的長度符合窗簾桿和窗台之間的高度。

　　掛上一兩個夾子，然後用窗簾桿穿過以檢查長度。移除夾子，沿著摺疊線整燙出褶痕。固定夾子，窗簾的兩側各安置一個夾子，其餘則以約12公分(5吋)的間隔均勻安放。

船帆窗簾

這個趣味十足的窗戶修飾，將能遮蔽許多無趣的景觀，同時也很適合一個主題式的兒童房。2片長方形的布幕在下方角落有孔眼，可以簡單地掛在固定在牆上的掛勾上，製造出顯眼的帆船效果。將孔眼從掛勾上取下，就可以闔起窗簾。

材料
● 布料
● 對比的布料做為襯裏
● 縫線
● 14公釐的鍍鉻孔眼2個
● 鍍鉻掛勾

懸掛工具
● 魔鬼氈

適用於
● 棉布和麻布
● 內凹和平窗

剪裁

船帆窗簾在懸掛在內凹的窗戶上，製造出一小塊隱密空間時，尤其有效。要產生這種效果，讓窗簾遮蔽住窗戶四周各約5公分(2吋)的牆壁。

除非特別說明，1.5公分(0.625吋)的縫分已經包含在內。測量完成布幕需遮蔽的區域，然後再將寬度除以2。在寬度和長度上各加上3公分(1.25吋)，然後剪裁2塊符合這個尺寸的窗簾布料和襯裏。

專業建議

用對比花色做為襯裏帆船窗簾，效果絕佳，但是光線可能會使得襯裏的花色浮現在窗簾上。預防這種情況，在縫合之前，在主要布料的背面貼上內襯。縫合後，將內襯的縫分沿著車縫線修剪掉。

方法

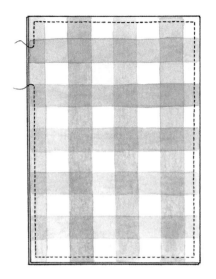

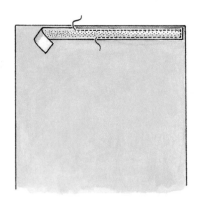

1 將窗簾主布和對比的襯裏正面相對，毛邊對齊放在一起。在一側留下15公分(6吋)的開口，做為反轉用，其餘的部位則車合。

3 將魔鬼氈拉開。將針狀的那一條沿著窗簾上緣放置，用珠針和假縫固定。修剪兩側後，車縫固定。

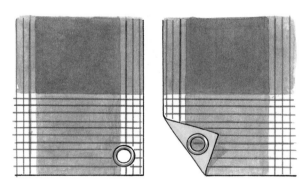

2 修剪角落，然後將正面反轉出來。將開口處的縫分摺向裡面燙好，手縫縫合開口。以相同的手法縫製2片窗簾。

4 依照安裝說明，將孔眼安裝在2片窗簾的內側下角。將魔鬼氈絨毛的部分固定在窗戶的上方，然後將窗簾貼上。最後，將掛勾固定在牆上正確的位置。

主題變化……
變化勾環

想要不同的揚帆方式，可以嘗試將窗簾環裝在內側，約窗簾1／4高度的位置。
當將窗簾環掛在牆上的掛勾，窗簾的邊緣就會呈現交錯摺疊的樣子垂掛下來。

包管上緣

這種類型的窗簾在上方有個包管套，向下擺一樣直接將邊緣反摺、互縫即可。這個版本提供一個6公分(2.25吋)寬，相當寬鬆的包管套好讓窗簾桿穿過。這提供足夠的空間讓窗簾沿著中型尺寸的窗簾桿滑動。如果你想要較緊密的包管套，只要減少包管套的寬度即可。較粗大的木製窗簾桿，則需要加寬包管套，這種窗簾需挑選輕薄到中厚的布料，因為太重的窗簾會難以拉動。

材料
● 布料
● 縫線

懸掛工具
● 窗簾桿和桿頭

適用於
● 薄紗和其他輕薄到中厚的布料
● 平窗和內凹窗

剪裁

剪裁一塊長度比完成窗簾還要多18公分(7吋)的布料。如果你選用透明的布料，長度還要多加9公分(3.5吋)。布料的寬度則是窗簾的完成寬度乘以1.5～2.5倍，以製造足夠的豐厚度，然後還要再加上8公分(3.5吋)製作兩側的縫邊。對頁的窗簾的豐厚度是1.5倍。

專業建議

薄紗和其他透明的質料需要製作雙層下擺。在下擺和兩側向反面摺疊兩次相同寬度的布料，如此才會有俐落的收邊。一般下擺或是側邊，則是向反面先摺一道較窄的布，然後再摺一道較寬的縫分。這種摺法在透明的窗簾中會看得一清二楚，較不美觀。

方法

1 在布的兩側，皆向反面摺燙出一道1公分(0.375吋)然後再摺一道3公分(1.25吋)縫分，車縫固定。如果使用透明布料，則在每一邊摺燙2道2公分(0.75吋)的縫分，車縫固定。

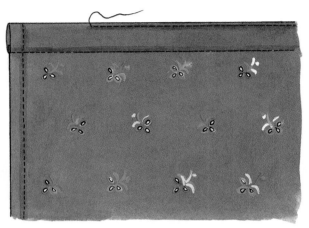

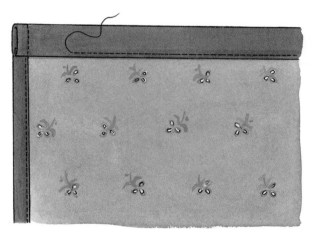

2 在窗簾的上方向反面摺燙出一道1公分(0.375吋)然後再摺一道6公分(2.25吋)以製作包管套，沿著下方車縫固定。

3 將窗簾反轉到正面，沿著上緣褶線從正面車一道裝飾縫。這道車線將控制皺褶，而且掛在窗簾桿上的部分會更平順。

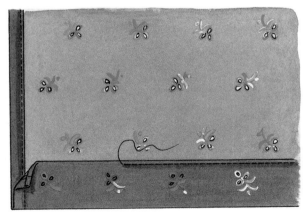

4 在窗簾布的下擺，向反面摺燙出一道1公分(0.375吋)然後再摺一道10公分(4吋)縫分，車縫或手縫固定。如果使用透明布料，則摺燙2道10公分(4吋)的縫分，製作雙層下擺，車縫固定。

主題變化……

細格紋

漂亮的細格紋布料讓這個版本的包管上緣窗簾帶有鄉村小屋的風味。一對小型窗簾,利用一條緞帶繫住,形成一個巨大的X,懸掛在張力桿上,修飾一扇內凹的小窗。

荷葉邊包管窗簾

這個豐厚窗簾直接在窗簾桿或張力鋼纜的上方打摺拉皺，形成一道美麗的荷葉邊。這種窗簾可以用來遮蔽一整面窗戶，但是用於遮蔽半截窗戶，以掩飾醜陋的景觀或是提供隱私時，尤其有效。

材料
● 布料
● 縫線

懸掛工具
● 張力桿

適用於
● 棉布、條紋棉布、稜紋棉布和更紗
● 內凹窗和平窗

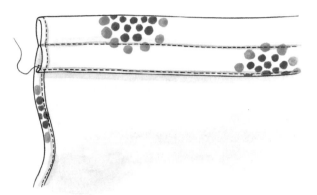

2 在窗簾的上方向反面摺燙出一道1公分(0.375吋)然後再摺一道6公分(2.25吋)縫分，沿著第一道褶線車縫固，然後在它的上方3公分(1.25吋)的位置車合，製作包管套。

剪裁

除非特別說明，1.5公分(0.625吋)的縫分已經包含在內。測量張力桿或張力鋼纜的寬度，以及從張力桿到窗台的長度。剪裁雙倍張力桿寬度的布料，長度則是完成長度再加上18公分(7吋)。

方法

1 在布的兩側，向反面摺燙出2道1公分(0.375吋)縫分以製作雙層縫邊，車縫固定。

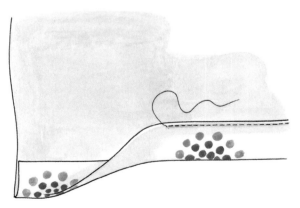

3 在布的下擺，向反面摺燙出2道4公分(1.5吋)縫分，車縫固定。

寬荷葉邊包管窗簾

這種包管式的柔和荷葉邊窗簾的製作方法與標準的荷葉邊包管窗簾(見70～71頁)相同,但是這種荷葉邊較寬,而且懸掛時,荷葉邊是落在窗簾上緣的下方。這種風格最適用於輕質、正反面皆相同的布料。

材料
● 布料
● 縫線

懸掛工具
● 張力桿

適用於
● 棉布、條紋棉布、稜紋棉布和更紗
● 內凹窗和平窗

2 在窗簾的上方向反面摺燙出一道1公分(0.375吋),然後再將所需的荷葉邊寬度摺向反面。沿著第一道褶線車縫固,然後在它的上方3公分(1.25吋)的位置車合,製作出包管套。

剪裁

測量張力桿或張力鋼纜的寬度,剪裁雙倍張力桿寬度的布料。長度則是從張力桿到完成位置的長度,再加上雙倍的荷葉邊寬度、加上1公分(0.375吋)的縫分,再加上8公分(0.375吋)製作下擺。

方法

1 在布的兩側,向反面摺燙出兩道1公分(0.375吋)縫分以製作雙層縫邊,車縫固定。

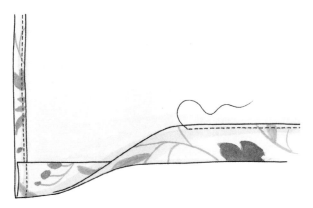

3 在布的下擺,向反面摺燙出兩道4公分(1.5吋)縫分,車縫固定。

皺褶上緣窗簾

這個風格柔美的豐厚窗簾，結合了皺褶的上緣和美麗的緞質繫帶匝定在窗簾環上。窗簾的皺褶上緣是利用拉皺帶製作，緞質繫帶則是在車縫拉皺帶前，先固定在上緣。根據你想要創造的風格挑選緞帶或是棉質繫帶，緞帶的感覺較奢華，棉質繫帶則較有鄉村風味。

材料

● 布料
● 拉皺帶
● 棉質繫帶或是緞帶
● 窗簾環

懸掛工具

● 窗簾桿和桿頭

適用於

● 棉、麻或絲質布料
● 平窗或內凹窗

剪裁

測量完成長度，再加上13公分(5.5吋)。寬度則需要完成寬度的2～2.5倍，以產生豐厚度，在加上8公分(3.25吋)做為兩側縫邊。

方法

1 在布的兩側，向反面摺燙出一道1公分(0.375吋)然後再摺一道3公分(1.25吋)縫分，車縫固定。如果使用透明布料，則在每一邊摺燙兩道2公分(0.75吋)的縫分，車縫固定。

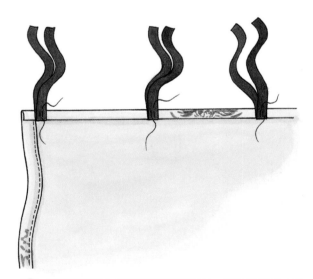

2 在窗簾的上方向反面摺燙出一道2公分(0.75吋)。將繫帶剪裁為30～40公分(12～16吋)的長度。對摺繫帶，整燙出褶線。將繫帶放置在窗簾的上方，褶線對齊車線。在窗簾的兩側個放置一條繫帶，其餘則均勻放置，當上緣拉皺時會產生15公分(6吋)的間隔。用珠針固定，假縫。

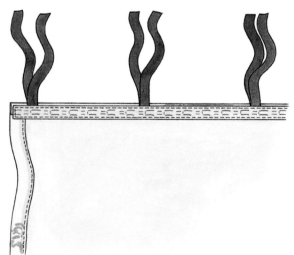

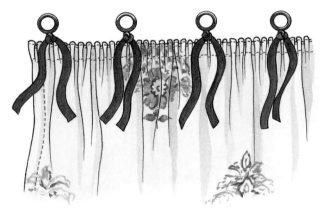

3 將拉皺帶兩側各2.5公分(1吋)的尾端反轉到背面，然後對齊窗簾的兩側。從一側開始，沿著窗簾的上緣一直到另一側車縫固定拉皺帶。以相同的手法車縫拉皺帶的下方，等於車縫拉皺帶兩次，以確保抽繩固定車線內。

4 在布的下擺，向反面摺燙出一道1公分(0.375吋)然後再摺一道10公分(4吋)縫分，車縫或手縫固定。拉緊抽繩，以製造出緊密的皺褶，並且整齊地將抽繩固定住。最後將繫帶綁在窗簾桿上以懸掛窗簾。

對比寬邊孔眼上緣窗簾

這個戲劇化的落地窗簾採用經典、俐落的淺棕與米黃格紋線條所縫製。格紋線條的顏色被挑選出來成為上緣的寬邊，再用鍍鉻孔眼和窗簾桿加以強調。現成的米黃絲繩繫帶，將窗簾固定在牆上的掛勾上，完成了整體的造型。圖中的窗簾設計成超長的模樣，堆疊在地板上。如果你希望擁有相同的效果，就需要在布料的長度上增加15～20公分(6～8吋)。

材料
● 布料
● 製作寬邊的對比布料，與窗簾同寬度，18公分(7.25吋)長
● 能搭配兩種布料的縫線
● 35公釐黃鉻孔眼

懸掛工具
● 窗簾桿和桿頭

適用於
● 棉布、混紡棉布和麻布
● 平窗和法式落地長窗

剪裁

　　除非特別說明，1.5公分(0.625吋)的縫分已經包含在內。剪裁需要的寬度，再加上豐厚度所需的份量，然後再加上6公分(2.5吋)做為兩側縫邊。剪裁所需的長度，加上15公分(6吋)的縫分和下擺。剪裁寬邊用的對比布料，需與窗簾同寬度，18公分(7.25吋)長。

專業建議

　　測量繫帶的長度，先將窗簾掛好，然後開啓至希望的位置。用軟尺在希望的高度拉住窗簾，然後固定在計畫中掛勾的位置。調整長度與位置，然後標明掛勾在牆壁上的位置。

方法

1 在布的兩側，向反面摺燙出一道1公分(0.375吋)然後再摺一道2公分(0.75吋)縫分，車縫固定。

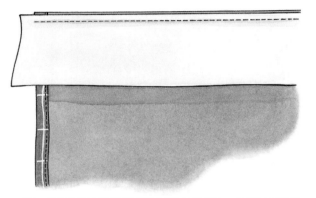

2 將寬邊的正面對著窗簾的反面，放置在窗簾上方的位置。調整對齊上方毛邊，寬邊於窗簾兩側突出的寬度相當。沿著毛邊車縫固定。

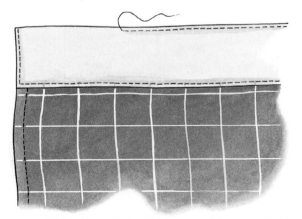

3 將縫分修剪至約1公分(0.375吋)。將寬邊突出於窗簾外的部分修剪至只剩下1公分。將寬邊向上打開，整燙車合位置，並且將寬邊剩下的3邊向寬邊的反面摺燙出1公分的縫分。

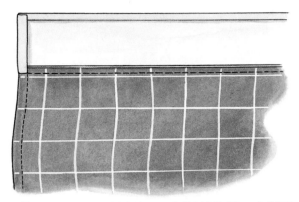

4 將寬邊朝著窗簾的正面對摺後整燙。車縫固定寬邊的左右兩側和下方。然後在寬邊褶線的位置車一道裝飾線。

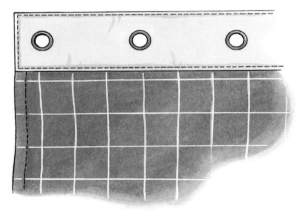

5 寬邊左右兩側個安置一個孔眼，其餘則以12.5～15公分(5～6吋)的間隔均勻放置。根據製造商的說明安裝孔眼。

6 在布的下擺，向反面摺燙出一道1.5公分(0.625吋)然後再摺一道12公分(4.75吋)縫分，車縫或手縫固定。

主題變化……
雙邊孔眼上緣

孔眼窗簾的簡單線條，使用在上緣和下擺都有對比寬邊的窗簾上效果良好。針對下擺寬邊，是將主窗簾長度減去下擺寬邊的長度和縫分，然後在寬邊的長度上再加上縫分的長度。主窗簾布則需要加上1.5公分(0.625吋)，以及兩塊布車合的縫分。先將下擺寬邊與主窗簾布車合，上緣寬邊則必須比範例中的窗簾要窄些。

窗簾環上緣

艷粉和鮮紅搭配在一起，製作出一組火辣的窗簾環上緣窗簾。窗簾的上緣採取簡單的縫邊，以突顯出馬德拉斯粗格紋的效果，窗簾環則間隔地縫在上方。直接將窗簾環穿在窗簾桿上加以懸掛，在寬度上增加些許的豐厚度，好讓窗簾閉闔時，窗簾環間的布料能柔和地垂掛下來。簡單的長條繫帶安置於較高的位置，以固定開啓時的窗簾。繫帶的兩端也縫上窗簾環，以方便掛在牆壁上的掛勾。

材料

- 布料
- 襯裏（依喜好使用）
- 窗簾環
- 縫線
- 窗簾孔眼環

懸掛工具

- 窗簾桿和桿頭

適用於

- 絲、棉和更紗布料
- 法式落地窗和平窗

剪裁

　　除非特別說明，1.5公分(0.625吋)的縫分已經包含在內。這種窗簾可以製作為平整的布幕形式，在拉開時完全沒有任何的豐厚度，不過，通常有柔和的豐厚度效果會更好。測量窗簾遮蔽的區域，乘以1又1/3～1.5倍做為豐厚度，然後再加上8公分(3.25吋)做為兩側縫邊。如需接縫寬度，每道接縫需加上3公分(1.25吋)。所需的長度，則須加上6.5公分(2.5吋)製作上緣，再加上15公分(6吋)做為下擺。如果是長窗簾，你可能會希望製作較寬的下擺。襯裏的長度要比窗簾本身短6.5公分(2.5吋)，寬度則少10公分(4吋)。

方法

1 如有需要，則以平車接縫結合寬度，然後將接縫打開燙平。將襯裏與窗簾的正面相對，襯裏的上方，則放置在窗簾上方毛邊下6.5公分(2.5吋)的位置。調整兩側毛邊，讓襯裏的兩側距離窗簾兩側的毛邊個1.5公分(0.625吋)，車縫固定兩側。

2 將窗簾翻為正面。較窄的襯裏會將窗簾的兩側毛邊各2.5公分(1吋)反轉到背側。調整側邊，並且整燙。

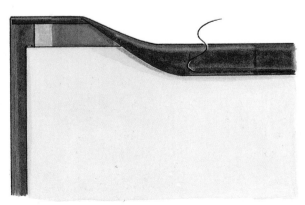

3 在窗簾上方毛邊向反面先摺一道1.5公分(0.625吋)然後再摺一道5公分(2吋)，然後車縫固定。

4 決定窗簾環的位置，間隔約在12.5～15公分(5～6吋)時的效果最好。想要獲得均勻的間隔，將窗簾的寬度除以窗簾環的數目。調整間隔，讓窗簾的左右兩側個有一個窗簾環。用珠針標記出窗簾環的位置。

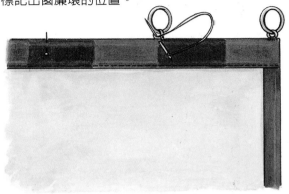

5 用手縫將窗簾環下方較小的孔眼縫在窗簾背面，珠針標明的位置。可以將孔眼的下方縫在上緣邊緣，讓孔眼清晰可見。或者是縫在較下面的位置，讓窗簾略遮住孔眼。

6 將襯裏的下方修剪為比窗簾下緣短2公分(0.75吋)。向反面摺燙並製作兩道7.5公分(3吋)褶邊以製作雙層縫邊。車縫固定。

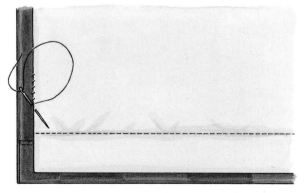

7 以相同的手法縫製襯裏的下擺，讓她的褶邊面對窗簾的反面。手縫固定窗簾與襯裏的側邊。

主題變化……
緞質繫帶窗簾環

一塊米黃色、簡單俐落的桌巾可以有效地製作成一扇中小型窗戶的窗簾。想要讓窗簾更容易清理，可以將緞帶縫在窗簾，然後用來綁在窗簾環上，這不但是種美麗的上緣處理，同時可以輕鬆地與窗簾環分開。首先，決定緞帶的長度。要記得，你需要雙倍的繫帶長度。將緞帶剪裁成適當的長度，對摺整燙出褶線。打開緞帶，將褶線放置在窗簾上緣的下方。沿著褶線車縫。固定所有緞帶後，將它們綁在窗簾環上。

繫帶上緣窗簾

簡單而又效果十足的繫帶上緣窗簾,是最容易製作的一種窗簾了。我們選擇緞帶做為繫帶,可以整齊地放在窗簾和貼邊之間。這種窗簾可以製作為布幕形式,闔起時完全沒有豐厚度,在此情況下寬度需加上4公分(1.5吋)做為兩側縫邊。想要有豐厚度,則須剪裁比完成寬度多1.5～2倍的布料。這種非正式的窗簾,在可能的情況下,最好使用一整幅或是半幅寬的布。

材料
- 布料
- 縫線
- 1.5公分(0.625吋)寬的緞帶,各40公分(15.75吋)長

懸掛工具
- 窗簾桿和桿頭

適用於
- 薄紗、棉布、更紗和條紋棉布
- 凹窗、平窗以及法式落地窗

剪裁

剪裁所需長度,寬度則每片窗簾須加上11公分(4.25吋)以產生所需的豐厚度,再上4公分(1.5吋)製作兩側縫邊。剪裁一條7公分(2.75吋)寬,與窗簾寬度同長的貼邊。

專業建議

整理窗簾能讓皺褶垂掛的更整齊。將窗簾拉開,然後用雙手根據上緣的皺褶,將窗簾如手風琴般地摺疊起來。用繫帶鬆鬆地交錯綁好。沿著窗簾的長度重複進行。維持這個狀態2天,然後再解開繫帶。

方法

1 在窗簾的兩側向反面，摺燙兩道1公分(0.375吋)寬的縫分，車縫固定。

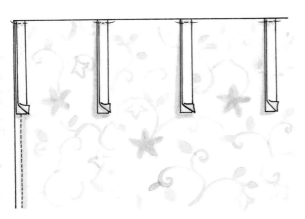

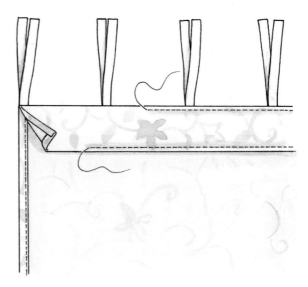

2 將緞帶剪裁為各40公分(15.75吋)長，然後對摺整燙。在窗簾的正面標記出繫帶的位置，兩側各一條繫帶，其餘則以約15公分(6吋)的間隔均勻放置。讓繫帶向下垂掛，褶痕對齊窗簾上緣，珠針固定後假縫。

4 將貼邊突出的兩端修剪為1公分(0.375吋)。將貼邊翻為正面整燙，並且將剩餘的3邊毛邊向反面摺1公分(0.375吋)寬的縫分，然後沿著兩側和下方車縫固定。如果喜歡的話，可以在貼邊的上方車一道裝飾線。

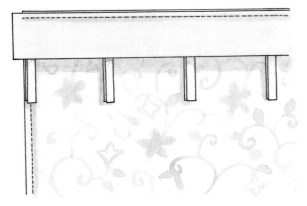

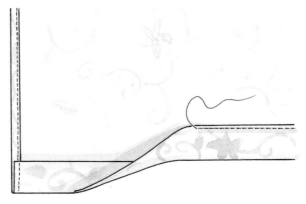

3 貼邊與窗簾正面相對，上緣毛邊對齊，將繫帶夾在兩者之間，貼邊的兩側則突出於窗簾兩側。以1公分(0.375吋)寬的縫分，車縫固定。

5 將窗簾的下擺摺燙出兩道5公分(2吋)的縫分，做成雙層下擺，車縫固定。

主題變化……
鄉村格紋

和諧的緞帶顏色，能讓簡單的條紋和格紋更具休閒鄉村風味。製作超長的繫帶，每條約40～50公分(15～20吋)。將繫帶的一邊繞過窗簾桿，然後在窗簾的上緣位置將繫帶打結，讓繫帶的尾端懸掛在窗簾的正面。繫帶的尾端可以保留平直，或是剪裁出活潑的角度。

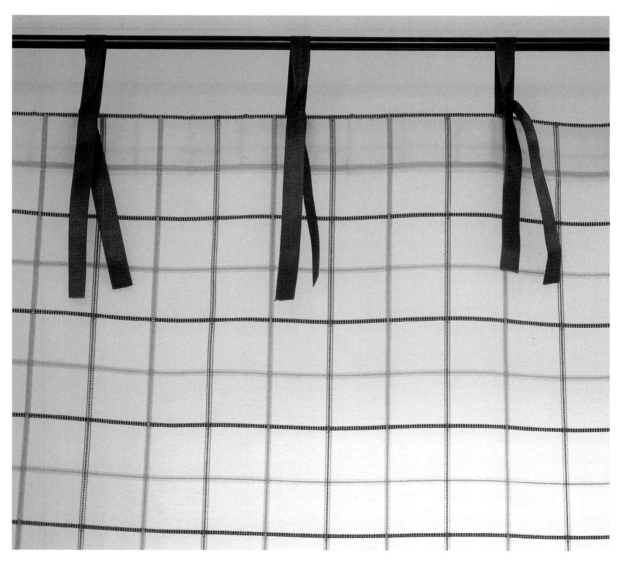

窗簾桿垂花飾

一小段簡單的細麻布或是薄紗能優雅地垂掛在窗簾桿上，創造出簡且但又效果十足的窗戶修飾。這種修飾法最適合裝飾性的窗戶，或是無法藉由傳統窗簾獲益的窗戶，例如走道窗戶。在大多數的窗戶上不對稱的垂掛效果也不錯，但是如果你喜歡的話，要調整兩側的長度一致是相當的容易。

材料
● 布料
● 沾粘固定劑

懸掛工具
● 窗簾桿和桿頭

適用於
● 薄紗、薄麻布和棉布
● 平窗和凹窗

測量

要測量所需的布料，必須測量你預期窗簾在窗戶兩側的長度。測量垂花飾會覆蓋的窗簾桿的長度，再加上1/3做最為垂花飾懸掛的長度。將這3個數據加起來，就是所需的長度。如果還有疑問，無條件進位你的數據，反正垂花飾的布量越大方窗簾就顯得越優雅。選擇採用完整的幅寬，讓布邊成為垂花飾的邊緣。

方法

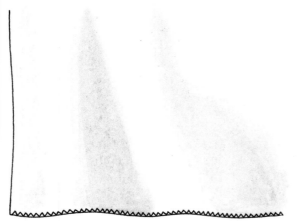

1 用毛邊縫車縫布料的毛邊,以防止鬆散。就
只需要做這一道縫紉步驟。

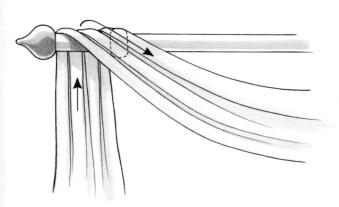

2 將布料自窗簾桿後方、掛勾的左邊繞到窗簾
桿的前方。

3 在窗戶的中央將布料繞道窗簾桿的後方,再
繞到前方。

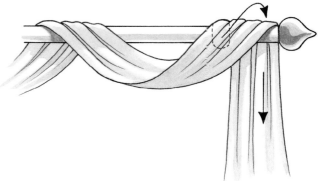

4 在窗戶的右邊將布繞到窗簾桿的後方。將垂花
飾調整為悅目的層次。如果在料會滑動,就在
窗簾桿後方看不到的地方固定。

主題變化⋯⋯

固定垂花飾

這種垂花飾的變化,是利用釘槍或是針將垂花飾固定在窗簾桿上,所以必須採用木製窗簾桿。首先,固定好垂花飾的中央部分,將兩側垂落的布料摺疊成整齊的皺褶,固定在窗簾桿掛勾和桿頭的中間。先用針暫時地固定,滿意時則用釘槍固定。將兩個尾端反轉到正面,遮蓋住垂花飾中央部分的兩側。調整尾端至滿意時,再用釘槍在窗簾桿的上方固定。

雙層垂花飾

這可以簡單地使用一個幅寬的布料，讓布邊成為窗簾的側邊，或者是如圖顯示在兩側製作雙層側邊，讓邊緣更為突顯。雙層垂花飾是利用兩層對比的布料，讓內側的窗簾可以隨性地打個結，讓外側的窗簾保持懸掛閉闔的狀態。

材料
● 布料
● 縫線

懸掛工具
● 窗簾桿和桿頭

適用於
● 薄紗、細棉布和細絲料
● 平窗

剪裁

從窗簾桿測量所需的長度，再加上21公分(8.25吋)為下擺。寬度則須是完成寬度的1.5～2倍，以產生豐厚度，再加上4公分(1.5吋)做為側邊。根據這個數據剪裁兩塊布。

專業建議

除了將內側窗簾打結以外，還可以將這一層窗簾拉至一側，掛在一個裝飾性的掛勾上。在一對可以各自拉向一側的窗簾上，能製造出最佳的效果。或者是可以用3條細布條，編織成一個繫帶，然後在繫帶的兩端縫上窗簾環，然後再掛到牆上的掛勾。

方法

1 在窗簾的兩側向反面，摺燙兩道1公分(0.375吋)寬的縫分，車縫固定。以相同手法製作兩層窗簾。

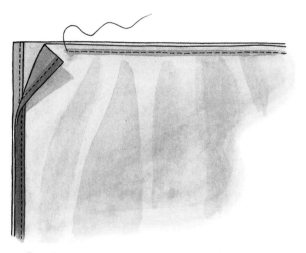

2 將內側窗簾的正面，面對外側窗簾的反面，上緣毛邊對齊放好。沿著毛邊以1公分(0.375吋)寬的縫分，車縫固定。

3 將縫分燙到一側，然後翻轉窗簾，讓內側的正面出現在上方，車邊則包在兩層窗簾之間。在距離縫合線5～6公分(2～2.5吋)的地方用珠針固定。檢查窗簾桿是否可以穿過。可以先假縫，或者直接車縫固定。

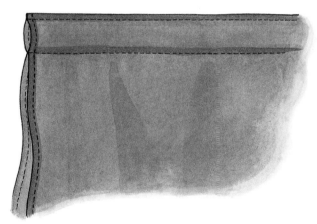

4 在包管的上方再車一道裝飾線。這道車線可以車在最頂端，讓包管套較為寬鬆，或是車的較下方，讓車線上方形成荷葉邊的效果。

5 向2層窗簾的下擺反面摺燙出兩道10公分(4吋)的縫分，製作成雙層下擺，車縫固定。

主題變化……

黃金組合

經典的色彩和布料搭配,是將絲質金色內窗簾,搭配上深紫色外窗簾。搭配的紫色布料用來製作一條柔和的繫帶,以拉起較厚重的內側窗簾,露出較細緻的紫色薄紗。這個版本是在窗簾桿的上方製作較寬的荷葉邊。想達到這種效果,在剪裁時需加上2.5〜3公分(1〜1.25吋)的長度。在第一層包管套車縫位置上增加這段長度,然後將這段長度從第二層窗簾上反摺下來車縫。

尖角布幕

利用雅各風格(Jacobean-style)刺繡布料所製作的氣派尖角布幕,能為窗戶修飾帶來一些貴族的華麗氣息。布幕不能像傳統窗簾一樣地闔起,但是能為光禿禿的窗戶帶來品味。這種布幕的背後有襯裏,然後利用簡單的夾子在窗簾環上再懸掛在窗簾桿上。

材料
● 布料
● 襯裏布料
● 縫線

懸掛工具
● 窗簾桿和桿頭
● 窗簾環
● 有掛勾的夾子

適用於
● 毛、麻、棉絨和絲絨
● 平窗和法式落地窗

剪裁

將主要布料剪裁出所需的長度和寬度。圖中的布幕式40公分(16吋)寬,166公分(65.5吋)長,包含了17公分(6.75吋)長的尖角。剪裁出相同大小的主要布料和襯裏。

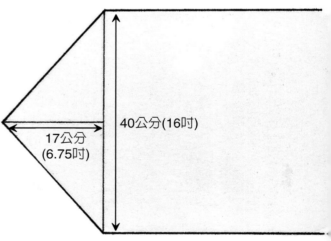

17公分
(6.75吋)

40公分(16吋)

方法

1 將布料和襯裏正面相對、毛邊對齊放好。以1.5公分(0.375吋)的縫分，沿著周圍車縫，在布幕的上方留下一個15公分(6吋)的開口反轉用。

2 修剪尖角和兩側斜角。在尖角的位置，先平整地先剪去尖角，然後進一步地修剪新出現的斜角，以確保能形成美麗的尖角。另外，如果縫分過寬的話，也一併修剪。

3 將布幕的正面從缺口反轉出來。利用尺或者是一個鈍頭、闔起的剪刀將尖角推出。整燙布幕的邊緣。將開口處的縫分摺向內側，然後手縫封閉缺口。

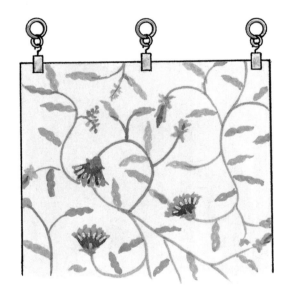

4 打開夾子，夾住布幕的上緣，兩側各1個，第3個則放在中央。如果你的布幕較寬，可以在中間使用更多的夾子。將夾子掛到窗簾環上，然後懸掛布幕。

主題變化……
流蘇布幕

就算沒有拉起窗簾的必要，較窄的布幕也很適用於修飾，但是卻有需要一點修飾以柔和空間的內凹小窗。這種布幕可以利用繁複、裝飾效果十足絲繩繫帶呈固定拉開的狀態。這裡展示的是個華麗的鑲珠流蘇，完整傳達出異國風情。

對比包邊

這種風格化的窗簾有著對比包邊，不但能強調邊緣，更增添俐落的細節。窗簾可以依你的喜好走豐厚路線，或者是平整布幕。我們選擇的是1.25～1.5倍的豐厚度，可以增加垂度但有不至於顯得厚重。希望加上襯裏，可以依照加寬窗簾布的方式剪裁接縫，然後再加上包邊之前，將襯裏假縫在主窗簾布的背面。

材料
● 主窗簾布
● 對比包邊布料
● 縫線
● 襯裏（加或不加皆可）
● 窗簾環

懸掛工具
● 窗簾桿和桿頭

適用於
● 棉布、混紡棉布、麻布和印花棉布
● 內凹窗和平窗以及法式落地長窗

剪裁

根據完成窗簾的長寬需求，剪裁出主窗簾布，視需要接縫幅寬。將包邊剪裁成為完成寬度的4倍寬，我們的包邊完成寬度是5公分(2吋)。上下包邊條的長度和主窗簾的寬度相同。兩側包邊條則和窗簾的長度相同，再加上3公分(1.25吋)作為縫邊。

專業建議

如果你喜歡手縫收邊的話，以相同的手法準備好包邊條，但是包邊條的每一邊都採用一樣的縫分摺燙向反面，在中央留1個開口。以相同的手法將包邊條縫在窗簾的正面，然後將另一側的包邊條叉轉到窗簾的背面，對其車縫線。沿著車縫線的底線挑縫。

方法

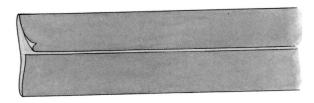

1 將包邊條對摺後打開,然後將兩側向中央線對摺,幾乎靠在一起,但是一側要稍微比另外一側寬。這個較寬的一側,將成為反轉到被面的那一半。整燙所有的褶線。

3 將另一半較寬的部分,反摺到窗簾的背面,讓背面的包邊條稍微和車縫線重疊。從正面,沿著包邊條和主窗簾布之間的接縫處落針縫。以相同的手法車縫下擺的包邊條。

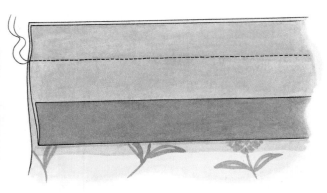

2 打開較窄的一側,與窗簾正面相對,對齊毛邊。沿著褶線車縫。

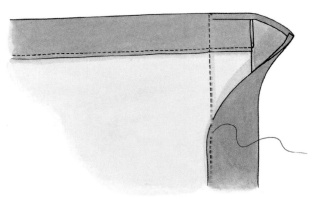

4 將兩側的包邊條放在上下會各突出1.5公分(0.625吋)的位置。以先前相同的手法縫製第一道縫線。然後將突出的部分,反摺入包邊條內,然後再車第二道縫線。

5 用手縫合兩側包邊條上下的缺口。最後,手縫固定窗簾環於窗簾的上緣,然後將窗簾懸掛在窗簾桿上。

主題變化……
細緻包邊

一道精緻透明的包邊，能讓美麗的花草紋樣窗簾顯得更精緻。大型窗戶的包邊條必須要更寬，而小窗戶的包邊則需要更窄，以維持主窗簾布和包邊條之間的微妙平衡。

布環上緣窗簾

這種簡單且不加襯裏的窗簾，可直接用布環穿過窗簾桿懸掛。窗簾可以製作成平整的布幕，懸掛時沒有任何豐厚度，此時只需要在完成窗簾的尺寸上加上10公分(4吋)作為側邊即可。或者也可以剪裁1.5～2倍的完成寬度作為豐厚度。一般而言，非正式的窗簾最好是盡可能避免接縫寬幅。布環的寬度和長度可以視布料和窗簾桿的尺寸調整。較厚重的布料和較粗的窗簾桿，比起較薄的布料和較細的窗簾桿需要較寬的布環。這裡的布環的完成寬度是4公分(1.5吋)，10公分(4吋)長。

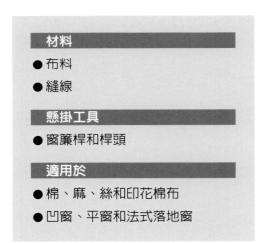

材料
- 布料
- 縫線

懸掛工具
- 窗簾桿和桿頭

適用於
- 棉、麻、絲和印花棉布
- 凹窗、平窗和法式落地窗

剪裁

除非特別說明，1.5公分(0.625吋)的縫分已經包含在內。測量窗簾需要的寬度，加上需要的豐厚度，然後再加上10公分(4吋)做為兩側縫邊。如需接縫寬度，每道接縫需加上3公分(1.25吋)。測量所需的長度，加上17.5公分(7吋)。剪裁11公分(4.25吋)寬，23公分(9吋)長的布條製作布環。剪裁1塊8公分(3.25吋)寬，與窗簾寬度一樣長，再加上3公分(1.25吋)的襯裏。

方法

1 在窗簾的兩側，摺燙出兩道2.5公分(1吋)的縫分，製作雙層縫邊。然後車縫固定。

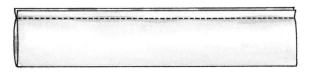

2 將布環正面相對沿著長邊對摺，然後將毛邊縫合。修剪縫分，然後打開燙平。將布環的正面翻轉出來，將縫分倒向一邊整燙。如果喜歡的話，可以沿著縫合的長邊車縫一道裝飾線。

3 將每個布環對摺成一半，放在窗簾的正面。布環的毛邊對齊窗簾的上緣，布環倒向下方。在窗簾的兩側各放置1個布環，其餘則約以12.5～15公分(5～6吋)的間隔均勻放置。假縫固定布環。

4 將貼邊與窗簾正面相對，毛邊對齊，布環則夾在兩者之間。沿著上緣車縫。

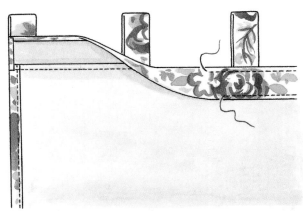

5 將貼邊摺燙向反面。如果選擇的是透明的布料，則將縫分修剪為1公分(0.375吋)。將縫分整燙向反面，同時將貼邊兩側和下方的縫分摺燙向貼邊的反面。沿著摺燙的線條車縫。沿著貼邊的上方車一道裝飾線。

6 在窗簾的下擺，向反面摺燙出兩道8公分(3.25吋)寬的縫分製作雙層下擺。車縫固定。

主題變化……

緞帶布環

簡單地用寬緞帶或是棉布條製作成布環,而不使用布料布環。選擇搭配窗簾的色彩,在製作的過程中簡單地以緞帶或是布條取代布環。另外在窗簾的內側,也可以縫上一道緞帶,讓窗簾更有整體感。

傳統褶窗簾

這種方式的窗簾，必須在縫合襯裏之前，就先完成主窗簾布的兩側縫邊。然後，以手縫的方式將襯裏縫到側邊上。但是，在窗簾的中央則維持疏鬆的狀態。這種手法比起細筆褶窗簾的縫製手法能維持較長久的時間，但是比較費時。下擺角落也採取斜接角縫法，呈現較精緻的製作方法。兩側和下擺的縫邊可以車縫或是手縫。手縫的方式較為精緻，但是車縫較為迅速而且較耐用。針對大型的窗簾，值得花時間學會盲縫下擺。

材料
● 布料
● 縫線
● 襯裏
● 傳統褶拉皺帶
● 傳統褶用掛勾

懸掛工具
● 窗簾桿和桿頭

適用於
● 棉、麻和印花棉布
● 凹窗、平窗、海灣窗和法式落地窗

剪裁

除非特別說明，1.5公分(0.625吋)的縫分已經包含在內。測量窗簾需要的寬度，加上16公分(2.5吋)做為兩側縫邊。如需接縫寬度，每道接縫需加上3公分(1.25吋)。測量所需的長度，上緣需加上4公分(1.5吋)作為縫分，下擺再加上15公分(6吋)。襯裏布料則比窗簾主布的長度要短4公分(1.5吋)，寬度則要少12公分(4.75吋)。

方法

1 視需要接和窗簾主布和襯裏的幅寬，然後將縫分打開燙平。在窗簾的兩側向反面摺疊2道3公分(1.25吋)的縫分，製作雙層褶邊。手縫或車縫固定。

2 在襯裏的兩側向反面摺疊2道2公分(0.75吋)的縫分，將襯裏與窗簾反面相對放好，讓襯裏的邊緣和窗簾的邊緣有1公分(0.375吋)的重疊，襯裏的上緣比窗簾的上緣要低4公分(1.5吋)。

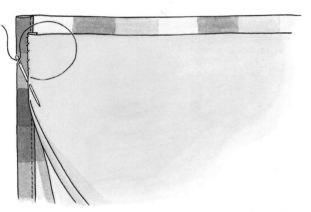

3 手縫將襯裏固定在窗簾的兩側縫邊上，在距離下擺5公分(2吋)的位置停止。將襯裏修剪為比下擺短3公分(1.25吋)。

4 在窗簾的上緣，向反面摺燙出一道4公分(1.5吋)作為縫分。沿著窗簾的上緣放置好拉皺帶。將拉皺帶的兩側各向內摺2.5公分(1吋)，對齊窗簾的側邊。

5 沿著拉皺帶的側邊、上緣和另一側側邊車縫固定。再以相同的手法從另一側側邊車縫，以確保拉皺帶的拉繩完全穩固。

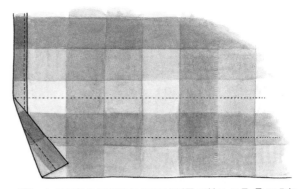

6 在窗簾的下擺向反面摺燙2道7.5公分(3吋)的縫分。打開下擺。在側邊製作斜接角(見基礎篇)。

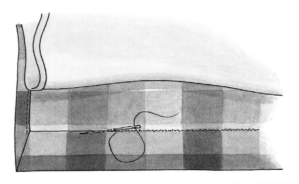

7 重新摺疊下擺，形成細緻的斜接角。以相同手法處理另一側下擺角落。手縫斜接角，然後手縫或車縫固定下擺。

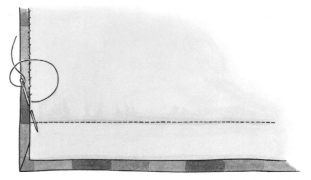

8 在襯裏上製作和窗簾主布一樣寬度的下擺，然後車縫固定。然後完成襯裏側邊和窗簾側邊的接縫。

主題變化……

藍色包邊

在這個雙層包邊的窗簾上，清新的米白和藍色的搭配在這個傳統拉皺上緣窗簾上創造清爽、現代的模樣。根據窗簾的長度決定2層包邊的長度，你將會需要在接縫的地方增加1.5公分(0.625吋)的縫分。針對主窗簾布，則減去下擺的長度，但是需加上1.5公分(0.625吋)的縫分。位於上層的包邊，則需要加上3公分(1.25吋)作為與上、下接縫的縫分。首先，視需要接縫寬幅，然後再將包邊接到主窗簾布上，然後繼續製作窗簾。

細筆皺褶上緣

這種細筆皺褶上緣窗簾是以筒狀的加襯方式製作，這是最簡單的加襯窗簾的製作法。襯裏要剪裁的比窗簾窄，然後簡單地將襯裏和窗簾的側邊車合在一起。較窄的襯裏將窗簾的兩側向背面拉扯，產生了側邊的效果。不過這種側邊每次清洗窗簾後都必須重新整燙。窗簾上方細筆皺褶則是利用細筆皺褶拉皺帶製成。

材料

● 布料
● 縫線
● 襯裏
● 細筆皺褶拉皺帶

懸掛工具

● 窗簾桿和桿頭

適用於

● 棉、麻和印花棉布
● 凹窗、平窗、海灣窗和法式落地窗

剪裁

除非特別說明，1.5公分(0.625吋)的縫分已經包含在內。要估量布料的用量，需在兩側加上4公分(1.5吋)做為兩側縫邊，另外加上3公分(1.25吋)作為每道寬幅接縫的縫分。至於長度，在所需的長度上，上緣需加上4公分(1.5吋)作為縫分，下擺再加上15公分(6吋)。如果窗簾較長，你可能會希望製作較寬的下擺。剪裁襯裏布料則比窗簾主布要短4公分(1.5吋)寬則要少10公分(4吋)。如果你想要製作如圖中一樣超長、堆積在地板上的窗簾，則須在窗簾的長度上增加10～15公分(4～6吋)。

方法

1 視需要接和窗簾主布和襯裏的幅寬，然後將縫分打開燙平。將襯裏和窗簾正面相對放在一起，襯裏的上緣要放在窗簾上緣下方4公分(1.5吋)的位置。調整兩側側邊，然後以1.5公分(0.625吋)的縫分將兩層布料車縫在一起。在距離下擺5公分(2吋)的位置停止。

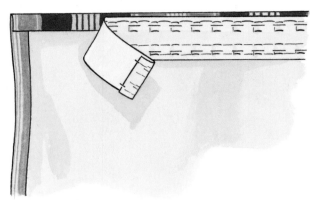

3 在窗簾的上緣，向反面摺燙出一道4公分(1.5吋)作為縫分。沿著窗簾的上緣放置好拉皺帶。將拉皺帶的兩側各向內摺2.5公分(1吋)，對齊窗簾的側邊。

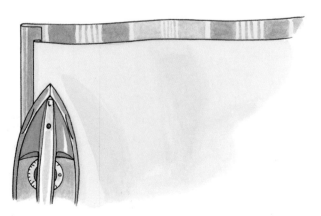

2 將窗簾反轉為正面。較窄的襯裏會將窗簾的兩側各2.5公分(1吋)拉扯到襯裏的那一側。均勻地調整兩側，然後整燙。

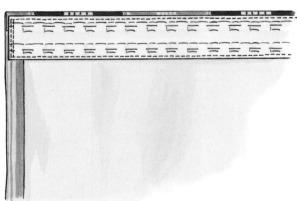

4 沿著拉皺帶的側邊、上緣和另一側側邊車縫固定。再以相同的手法從另一側側邊車縫，以確保拉皺帶的拉繩完全穩固。

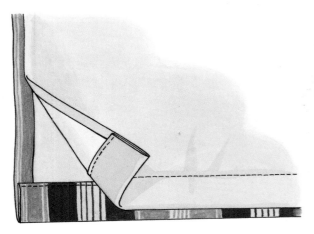

5 將窗簾的下擺修剪為比窗簾短2公分(0.75 吋)的長度。向反面摺燙兩道7.5公分(3吋)的 縫分。車縫固定。

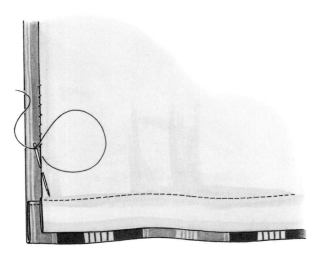

6 整燙下擺，整齊的疊放在一起。最後以手縫 完成襯裏側邊和窗簾側邊的接縫。

主題變化……
輕薄的選擇

有特殊專用在輕薄質料上的細筆皺褶拉皺帶，能製作出輕盈、明朗和清新的飄逸風格。這種拉皺帶可以用在薄紗、網布和其他的輕質布料上。在這種布料上如果選用傳統的拉皺帶會顯得過為沉重。針對不加襯的窗簾，只要掠過所有與襯裏相關的部分，然後再縫上拉皺帶之前，在兩側縫製一道2公分(0.75吋)的雙層側邊。

作品欣賞

在此集合許多風格精緻和模樣美麗的窗簾，提供你製作出原創窗戶修飾的靈感。這一系列的作品欣賞包括俐落的包邊、帥氣的色彩搭配、現代以及傳統的上緣處理，絕佳的懸掛工具和固定窗簾的典雅繫帶和掛勾。

上圖：細薄的窗簾如畫框般優雅地垂掛在臥榻的兩側。

左圖：3色包邊為孔眼上緣窗簾創造出強烈的現代感。

左圖：自窗簾上的色彩，挑選出家俱和
家飾的色調。

左下圖：超寬下擺，帥氣的斜紋引導側
包邊，為這原本平凡的窗簾增添了設計
感十足的細節。

右下圖：將華麗的絲料和細緻、平滑的
棉布搭配在一起，能創造出豐富的對比
質感。

左圖：超長的窗簾優雅地堆疊在地板上，創造出時髦又優雅的模樣。

下圖：在窗簾表面貼縫細緞帶，為極簡窗簾增添一抹色彩。

左圖：高繫帶位置，讓外側窗簾成為內側窗簾的趣味框架。

下圖：超大型孔眼直接穿在窗簾桿上，呈現出乾淨俐落的模樣。

右圖：層層垂掛在窗戶兩側的窗簾，突顯了明亮而飄逸的感覺。

右圖：傳統皺褶上緣窗簾，懸掛在深色的窗簾桿適合修飾裝潢傳統的房間。

右圖：多層次的窗戶修飾，能讓窗戶成為視覺焦點。

左下圖：精心挑選、創意十足的繫帶，能增添活潑的氣氛和風格。

右下圖：簡單的壁飾掛勾是繫帶以外另一種優雅的選擇，能呈現出乾淨俐落的線條。

左圖：精緻的蕾絲布，加上裝飾性十足的邊緣處理，自有一番特殊的魅力。

左下圖：趣味十足的銅勾，搭配上裝飾性強的飾頭，成為繫帶以外的選擇。

右下圖：荷葉皺褶的緞帶滾邊，在上漆的掛勾周圍形成美麗的裝飾。

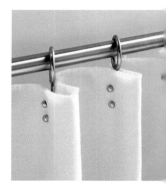

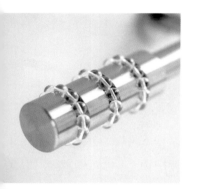

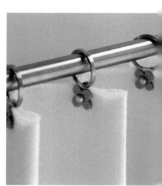

上圖：風格化的桿頭為
窗簾桿增添裝飾元素。

上圖：布環和繫帶是別
有風味的懸掛系統。

上圖：夾式窗簾環是快
速、無須縫紉的選項。

供應商

英國

Coats Crafts UK
PO Box 22
Lingfield Point
McMullen Road
Darlington
Co Durham DL1 1YQ
Tel: +44 (0)1325 394 237
Web: www.coatscrafts.co.uk
(sewing and needlecraft products)

Colly Brook Fine Furnishings
Colly Brook House
Knowbury
Ludlow SY8 3LN
Tel/Fax: +44 (0)1584 890315
Web: www.collybrook.co.uk
(mail order soft furnishings)

Franklin & Sons
13–15 St Botolph's Street
Colchester
Essex CO2 7DU
Tel: +44 (0)1206 563 955
(sewing machines)

Fred Aldous
37 Lever Street
Manchester M1 1LW
Tel: +44 (0)161 236 4224
Web: www.fredaldous.co.uk
(mail order craft supplier)

IKEA
Web: www.ikea.com

Janome UK Ltd
Janome Centre
Southside
Stockport
Cheshire SK6 2SP
Tel: +44 (0)161 666 6011
Web: www.janome.co.uk

John Lewis Partnership
Oxford Street
London W1A 1EX
Tel: +44 (0)20 7629 7711
Web: www.johnlewis.com
(fabrics, haberdashery)

Laura Ashley Ltd
27 Bagleys Lane
London SW6 2QA
Tel: +44 (0)871 9835 999
Web: www.lauraashley.com

MacCulloch and Wallis Ltd
25–26 Dering Street
London W16 0BH
Tel: +44 (0)20 7629 0311
Web: www.macculloch-wallis.co.uk
(fine fabrics and haberdashery)

Malabar
31–33 The South Bank
Business Centre
Ponton Road
London SW8 5BL
Tel: +44 (0)20 7501 4200
Web: www.malabar.co.uk
(wholesale furnishing fabrics)

Perivale-Gutermann Ltd
Wadsworth Road
Greenford
Middlesex UB6 7JS
Tel: +44 (0)20 8998 5000
(threads and zips)

Prêt à Vivre
Shelton Lodge
Shelton
Nr Newark NG23 5JJ
Tel: + 44 (0)1949 851 178
Web: www.pretavivre.com
(curtain fabrics and hanging devices)

Selectus
The Uplands Biddulph
Stoke on Trent ST8 7RH
Tel: +44 (0)1782 522 316
Web: www.selectus.co.uk
(fabrics and haberdashery)

Stitches
355 Warwick Road
Olton
Solihull
West Midlands B91 1BQ
Tel: +44 (0)121 706 1048

Web: www.needle-craft.com
(embroidery and sewing materials)

Velcro
Unit 1
Aston Way
Middlewich
Cheshire CU10 0HS
Tel: +44 (0)1606 738 806

Walcot House Ltd
Lyneham Heath Studios
Lyneham
Chipping Norton
Oxfordshire OX7 6QQ
Tel: +44 (0)1993 832940
Web: www.walcothouse.com

澳洲

Lincraft Stores
Adelaide:
Shop 3.01, Myer Centre
Rundle Mall
Adelaide SA 5000
Tel: +61 (0)8 8231 6611

Brisbane:
Shop 237, Myer Centre
Queen Street
Brisbane
Tel: +61 (0)7 3221 0064

Canberra:
Shop DO2/DO3, Canberra Centre
Bunda Street
Canberra ACT 2601
Tel: +61 (0)2 6257 4516

Melbourne:
Australia on Collins
Shop 320, 303 Lt. Collins Street
Melbourne VIC 3000
Tel: +61 (0)3 9650 1609

Perth:
St Martins Arcade
Hay Street
Perth WA 6000
Tel: +61 (0)8 9325 1211

Sydney:
Gallery Level, Imperial Arcade
Pitt Street
Sydney NSW 2000
Tel: +61 (0)2 9221 5111

Spotlight Stores
VIC +61 (0)3 9684 7477
TAS +61 (0)3 6234 6633
NSW +61 (0)2 9899 3611
QLD +61 (0)7 3878 5199
SA +61 (0)8 8410 8811
WA +61 (0)8 9374 0966
NT +61 (0)8 8948 2008

紐西蘭

Embroidery and Patchwork
Supplies
Private Bag 11199
600 Main Street
Palmerston North 5320
Tel: +64 (0)6 356 4793
Fax: +64 (0)6 355 4594
Toll free in New Zealand 0800 909 600
Web: www.needlecraft.co.nz

Hands Ashford NZ Ltd
5 Normans Road
Elmwood
Christchurch
Tel/Fax: +64 (0)3 355 9099
Email: hands.craft@clear.net.nz

Homeworks
First Floor Queens Arcade
Queen Street
Auckland Central
Tel: +64 (0)9 366 6119

Nancy's Embroidery
273 Tinakori Road
Thorndon
Wellington
Tel: +64 (0)4 473 404

Spotlight Stores
Whangarei +64 (0)9 430 7220
Wairau Park +64 (0)9 444 0220
Henderson +64 (0)9 836 0888

Panmure +64 (0)9 527 0915
Manukau City +64 (0)9 263 6760
Hamilton +64 (0)7 839 1793
Rotorua +64 (0)7 343 6901
New Plymouth +64 (0)6 757 3575
Gisborne +64 (0)6 863 0037
Hastings +64 (0)6 878 5223
Palmerston North +64 (0)6 357
  6833
Porirua +64 (0)4 238 4055
Wellington +64 (0)4 472 5600
Christchurch +64 (0)3 377 6121
Dunedin +64 (0)3 477 1478
Web: www.spotlight.net.nz

The Embroiderer
140 Hinemoa Street
Birkenhead
Auckland
Tel: +64 (0)9 419 0900

南非

Crafty Supplies
Stadium on Main
Main Road
Claremont 7700
Tel: +27 (0)21 671 0286

Durbanville Needlecrafters
No. 1 44 Oxford
Oxford Street
Durbanville
Cape Town 7550
Tel: +27 (0)21 975 7361

Free State Embroidery
64 Harley Road
Oranjesig
Bloemfontein 9301
Tel: +27 (0)51 448 3872

Golden Stitches
14 Thrush Avenue
Strelitzia Garden Village
Randpark Ridge Ext 47
Johannesburg 2156
Tel/Fax: +27 (0)11 795 3281

Groote Kerk Arcade
39 Adderly Street
Cape Town 8000
Tel: +27 (0)21 461 6941

Habby Hyper
284 Ben Viljoen Street
Pretoria North 0182
Tel: +27 (0)12 546 3568

Nimble Fingers
Shop 222
Kloof Village Mall
Village Road
Kloof 3610
Tel: +27 (0)31 764 6283

Pied Piper
69 1st Avenue
Newton Park
Port Elizabeth 6001
Tel: +27 (0)41 365 1616

Simply Stitches
2 Topaz Street
Albenarle
Germiston
Johannesburg 1401
Tel: +27 (0)11 902 6997

Stitch 'n' Stuff
140 Lansdowne Road
Claremont
Durban 7700
Tel: +27 (0)21 674 4059

美國

Ben Franklin Crafts
Web: www2.benfranklin-stores.com
(fabrics, home decor, craft supplies and related merchandise)

Hancock Fabrics
One Fashion Way
Baldwyn, Mississippi 38824
Tel: +1 (877) 322 7427
Web: www.hancockfabrics.com
(fabrics, crafts supplies and related merchandise)

Hobby Lobby Stores Inc
7707 S W 44th Street
Oklahoma City, OK 73179
Tel: +1 (405) 745 1100
Web: www.hobbylobby.com
(fabrics, craft supplies and related merchandise)

Jo-Ann Stores Inc
5555 Darrow Road
Hudson, OH 44236
Tel: +1 (330) 656 2600
Web: www.joann.com
(fabrics, sewing and craft supplies, and related merchandise)

Rag Shop
111 Wagaraw Road
Hawthorne, NJ 07506
Tel: +1 (973) 423 1303
Web: www.ragshop.com
(fabrics, craft supplies and related merchandise)

謝辭

出版公司感謝下列各位慷慨地提供各式布料、懸掛工具、掛勾和孔眼讓本書得以順利完成。詳細資料請參考125～126頁的供應商名單。

Colly Brook: 63 (壁勾), 65 (壁勾), 77 (孔眼)
Ikea: 57, 71, 93, 105, 113 (窗簾桿和窗簾桿頭精選)
Laura Ashley: 47, 75, 101, 107, 109
Malabar: 52, 77, 81, 85
Prêt à Vivre: 51, 63
Walcot House: 43 (b) (彈簧夾), 61 (b) (旋轉式彈簧夾)

照片提供

John Lewis: 115
Laura Ashley: 2–3, 118 (r), 119 (br), 120 (t&bl), 121 (br), 122, 123 (t&bl)
Malabar: 40–41, 103, 116–117, 119 (t&bl), 123 (br), 124 (bc)
Prêt à Vivre: 79, 91, 111
The Pier: 99
Walcot House: 33, 118 (l), 120 (r), 121 (l&tr), 124 (except bc)

索引

索引